品質管理の演習問題と解説

QC検定レベル表 実践編

監修・委員長　仁科　健

QC 検定過去問題解説委員会　著

QC検定試験 3級 対応

日本規格協会

・本書は，これまでに日本規格協会より発刊した書籍『過去問題で学ぶQC検定』に収録されたQC検定試験過去問題とその解説を，分野ごとに抜粋・編集したものに，新たに“概要解説”を加えて発行するものです．本書に収録した過去問題と解説の出典は問題番号，解説番号の右側に記載しています．
・『過去問題で学ぶQC検定』に収録された問題及び解説の本書への再録にあたっては，問番号，図表番号，引用・参考文献番号等は原書のまま掲載しています．
・JIS Z 8103 及び JIS Q 9023 につきましては，以下の最新版が発行されていますが，本書では出題意図により旧版を表記している場合がありますので，ご留意ください．
　―JIS Z 8103:2019　計測用語
　―JIS Q 9023:2018　マネジメントシステムのパフォーマンス改善―方針管理の指針

はじめに

日本規格協会では，品質問題解決能力の向上を目指し品質管理検定（QC 検定）3 級を受検される方々への教材として，『過去問題で学ぶ QC 検定 3 級』を発刊してきました．受検された多くの方々にとって，受検準備の一助になったのではないかと思っています．しかし，受検準備の際，どうしても手法(特に，SQC）の勉強に比重がかかっている方も多いのではないでしょうか．SQC はこれから勉強したい，あるいは，現場で活用しているものの，活用手法が限定されているなどの理由があると思われます．とはいえ，問題のほぼ半数は“品質管理の実践”分野からの出題であり，受検準備を怠るわけにはいきません．

本書は，これまで発行した『過去問題で学ぶ QC 検定 3 級』に収録された QC 検定 3 級の実践分野の過去問題を抜粋し，再編集したものです．受検準備にどうしても手法に時間を費やしてしまう，しかし，効率的に実践分野の受検の準備をしたいという方々への教材として本書を企画いたしました．

本書は，実践分野の過去問題を QC 検定レベル表（3 級）に示された分野ごとに分類し，各分類において出題のポイントを把握できる問題を数題選出して掲載しています．章節項は分類に対応して編集されており，分野ごとに，概要解説，出題のポイント，選出した問題とその解説という構成になっています．

実践編であることから，ポイントとなる問題の選出，また，該当分野の概要解説，出題のポイントの執筆は，QC 検定過去問題解説委員会の産業界の委員が行いました．問題解説の部分は，新たに書き下ろした部分もありますが，ほとんどは『過去問題で学ぶ QC 検定 3 級』の問題解説を再録しています．

QC 検定対策の図書の『品質管理の演習問題と解説』シリーズは，“手法編”に限定されており，“実践”分野に特化した図書は発刊されていません．本書が，手法の受検準備に加えて，実践分野の受検準備を効率的に行いたい方々の教材としてお役に立てば幸いです．

2021 年 1 月

QC 検定過去問題解説委員会
委員長(監修)　仁科　健

QC 検定過去問題解説委員会名簿

委員長(監修)	仁科　健*	愛知工業大学 教授
副委員長	石井　成	名古屋工業大学大学院 助教
	川村　大伸	名古屋工業大学大学院 准教授
委員	五十川道博*	元 株式会社デンソー
	板津　博典*	株式会社東海理化
	伊東　哲二*	元 トヨタ車体株式会社
	入倉　則夫*	あとりえ IRIKURA
	大岩　洋之*	株式会社豊田自動織機
	小野田琢也*	株式会社青山製作所
	古藤判次郎*	小島プレス工業株式会社
	小林　久貴*	株式会社小林経営研究所
	牧　喜代司*	トヨタ自動車株式会社
	永井　幹人*	一般財団法人日本規格協会

(順不同，敬称略，所属は執筆時)

＊　本書の監修・執筆にあたった委員

目　次

第5章　品質保証―プロセス保証―

第6章　品質経営の要素

※　本書はQC検定レベル表マトリックス（実践編）に基づき目次を構成していますが，一部本書独自の分類により出題分野をまとめています．

品質管理検定（QC 検定）の概要

1. 品質管理検定（QC 検定）とは

品質管理検定（QC 検定／ https://www.jsa.or.jp/qc/）は，品質管理に関する知識の客観的評価を目的とした制度として，2005 年に日本品質管理学会の認定を受けて，日本規格協会が創設（2006 年より主催が日本規格協会及び日本科学技術連盟となる）したものです．

本検定では，組織（企業）で働く人に求められる品質管理の“能力”を四つのレベルに分類（1～4 級）し，各レベルの能力を発揮するために必要な品質管理の“知識”を筆記試験により客観的に評価します．

本検定の目的（図 1）は，制度を普及させることで，個人の QC 意識の向上，組織の QC レベルの向上，製品・サービスの品質向上を図り，産業界全体のものづくり・サービスづくりの質の底上げに資すること，すなわち QC 知識・能力を継続的に向上させる産業基盤となることです．日本品質管理学会（認定）や日本統計学会（2010 年度統計教育賞受賞）などの外部からも高い評価を受けており，社会貢献度の高い事業としても認識されています．

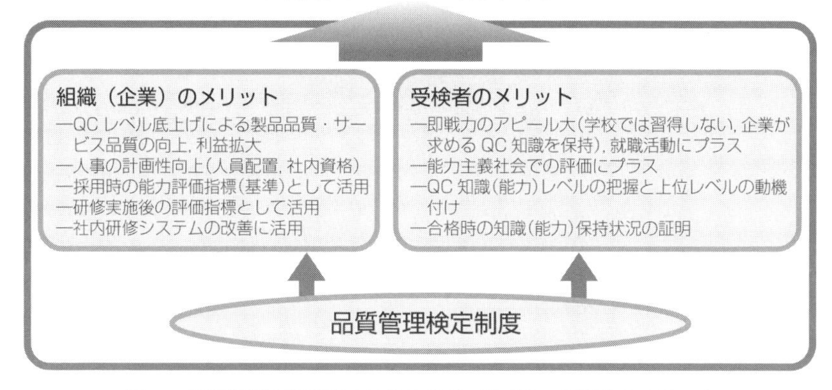

図 1　品質管理検定制度の目的と組織（企業）・受検者のメリット

2. QC 検定の内容

＜各級で認定する知識と能力のレベル並びに対象となる人材像＞

区分	認定する知識と能力のレベル	対象となる人材像
1級・準1級	組織内で発生するさまざまな問題に対して，品質管理の側面からどのようにすれば解決や改善ができるかを把握しており，それらを自分で主導していくことが期待されるレベルです．また，自分自身で解決できないようなかなり専門的な問題については，少なくともどのような手法を使えばよいのかという解決に向けた筋道を立てることができる力を有しているようなレベルです． 組織内で品質管理活動のリーダーとなる可能性のある人に最低限要求される知識を有し，その活用の仕方を理解しているレベルです．	・部門横断の品質問題解決をリードできるスタッフ ・品質問題解決の指導的立場の品質技術者
2級	一般的な職場で発生する品質に関係した問題の多くをQC七つ道具及び新QC七つ道具を含む統計的な手法も活用して，自らが中心となって解決や改善をしていくことができ，品質管理の実践についても，十分理解し，適切な活動ができるレベルです． 基本的な管理･改善活動を自立的に実施できるレベルです．	・自部門の品質問題解決をリードできるスタッフ ・品質にかかわる部署の管理職・スタッフ《品質管理，品質保証，研究・開発，生産，技術》
3級	QC七つ道具については，作り方・使い方をほぼ理解しており，改善の進め方の支援・指導を受ければ，職場において発生する問題をQC的問題解決法により，解決していくことができ，品質管理の実践についても，知識としては理解しているレベルです． 基本的な管理・改善活動を必要に応じて支援を受けながら実施できるレベルです．	・業種・業態にかかわらず自分たちの職場の問題解決を行う全社員《事務，営業，サービス，生産，技術を含むすべて》 ・品質管理を学ぶ大学生・高専生・高校生
4級	組織で仕事をするにあたって，品質管理の基本を含めて企業活動の基本常識を理解しており，企業等で行われている改善活動も言葉としては理解できるレベルです． 社会人として最低限知っておいてほしい仕事の進め方や品質管理に関する用語の知識は有しているというレベルです．	・初めて品質管理を学ぶ人 ・新入社員 ・社員外従業員 ・初めて品質管理を学ぶ大学生・高専生・高校生

＜３級合格基準＞

出題を手法分野・実践分野に分類し，各分野の得点が概ね50％以上であること，及び，総合得点が概ね70％以上であること．

3. 各級の出題範囲

各級の出題範囲とレベルは下記に示す，QC 検定センターが公表している“品質管理検定レベル表（Ver. 20150130.2）”に定められています．

また，各級に求められる知識内容を俯瞰できるよう，レベル表の補助表として，手法編・実践編マトリックスが公表されています．

表の見方

・各級の試験範囲は，各欄に示されている範囲だけではなく，その下に位置する級の範囲を含んでいます．例えば，2 級の場合，2 級に加えて 3 級と 4 級の範囲を含んだものが 2 級の試験範囲とお考えください．

・4 級は，ウェブで公開している“品質管理検定（QC 検定）4 級の手引き（Ver.3.1）”の内容で，このレベル表に記載された試験範囲から出題されます．

・準 1 級は，1 級試験の一次試験合格者（知識レベルの合格者）に付与するものです．

※凡例 — 必要に応じて，次の記号で補足する内容・種類を区別します．

（　）：注釈や追記事項を記しています．

《　》：具体的な例を示しています．例としてこの限りではありません．

【　】：その項目の出題レベルの程度や範囲を記しています．

(Ver. 20150130.2)

級	試験範囲	
	品質管理の実践	品質管理の手法
1 級 ・ 準 1 級	■品質の概念 ・社会的品質 ・顧客満足（CS），顧客価値 ■品質保証：新製品開発 ・結果の保証とプロセスによる保証 ・保証と補償 ・品質保証体系図 ・品質機能展開 ・DR とトラブル予測，FMEA，FTA ・品質保証のプロセス，保証の網（QA ネットワーク） ・製品ライフサイクル全体での品質保証 ・製品安全，環境配慮，製造物責任 ・初期流動管理 ・市場トラブル対応，苦情とその処理	■データの取り方とまとめ方 ・有限母集団からのサンプリング《超幾何分布》 ■新 QC 七つ道具 ・アローダイアグラム法 ・PDPC 法 ・マトリックス・データ解析法 ■統計的方法の基礎 ・一様分布（確率計算を含む） ・指数分布（確率計算を含む） ・二次元分布（確率計算を含む） ・共分散 ・大数の法則と中心極限定理 ■計量値データに基づく検定と推定 ・3 つ以上の母分散に関する検定

級	試験範囲	
	品質管理の実践	品質管理の手法
1級 ・ 準1級	■品質保証：プロセス保証 ・作業標準書 ・プロセス（工程）の考え方 ・QC 工程図，フローチャート ・工程異常の考え方とその発見・処置 ・工程能力調査，工程解析 ・変更管理，変化点管理 ・検査の目的・意義・考え方（適合，不適合） ・検査の種類と方法 ・計測の基本 ・計測の管理 ・測定誤差の評価 ・官能検査，感性品質 ■品質経営の要素：方針管理 ・方針の展開とすり合せ ・方針管理のしくみとその運用 ・方針の達成度評価と反省 ■品質経営の要素：機能別管理【定義と基本的な考え方】 ・マトリックス管理 ・クロスファンクショナルチーム（CFT） ・機能別委員会 ・機能別の責任と権限 ■品質経営の要素：日常管理 ・変化点とその管理 ■品質経営の要素：標準化 ・標準化の目的・意義・考え方 ・社内標準化とその進め方 ・産業標準化，国際標準化 ■品質経営の要素：人材育成 ・品質教育とその体系 ■品質経営の要素：診断・監査 ・品質監査 ・トップ診断 ■品質経営の要素：品質マネジメントシステム ・品質マネジメントの原則 ・ISO 9001 ・第三者認証制度【定義と基本的な考え方】 ・品質マネジメントシステムの運用 ■倫理・社会的責任【定義と基本的な考え方】 ・品質管理に携わる人の倫理 ・社会的責任 ■品質管理周辺の実践活動 ・マーケティング，顧客関係性管理 ・データマイニング・テキストマイニングなど【言葉として】	■計数値データに基づく検定と推定 ・適合度の検定 ■管理図 ・メディアン管理図 ■工程能力指数 ・工程能力指数の区間推定 ■抜取検査 ・計数選別型抜取検査 ・調整型抜取検査 ■実験計画法 ・多元配置実験 ・乱塊法 ・分割法 ・枝分かれ実験 ・直交表実験《多水準法，擬水準法，分割法》 ・応答曲面法，直交多項式【定義と基本的な考え方】 ■ノンパラメトリック法【定義と基本的な考え方】 ■感性品質と官能評価手法【定義と基本的な考え方】 ■相関分析 ・母相関係数の検定と推定 ■単回帰分析 ・回帰母数に関する検定と推定 ・回帰診断 ・繰り返しのある場合の単回帰分析 ■重回帰分析 ・重回帰式の推定 ・分散分析 ・回帰母数に関する検定と推定 ・回帰診断 ・変数選択 ・さまざまな回帰式 ■多変量解析法 ・判別分析 ・主成分分析 ・クラスター分析【定義と基本的な考え方】 ・数量化理論【定義と基本的な考え方】 ■信頼性工学 ・耐久性，保全性，設計信頼性 ・信頼性データのまとめ方と解析 ■ロバストパラメータ設計 ・パラメータ設計の考え方 ・静特性のパラメータ設計 ・動特性のパラメータ設計

1級・準1級の試験範囲には2級，3級，4級の範囲も含みます．

級	試験範囲	
	品質管理の実践	品質管理の手法
2級	■ QC 的ものの見方・考え方 ・応急対策，再発防止，未然防止，予測予防 ・見える化《管理のためのグラフや図解による可視化》，潜在トラブルの顕在化 ■品質の概念 ・品質の定義 ・要求品質と品質要素 ・ねらいの品質とできばえの品質 ・品質特性，代用特性 ・当たり前品質と魅力的品質 ・サービスの品質，仕事の品質 ・顧客満足（CS），顧客価値【定義と基本的な考え方】 ■管理の方法 ・維持と管理 ・継続的改善 ・問題と課題 ・課題達成型 QC ストーリー ■品質保証：新製品開発【定義と基本的な考え方】 ・結果の保証とプロセスによる保証 ・保証と補償 ・品質保証体系図 ・品質機能展開 ・DR とトラブル予測，FMEA，FTA ・品質保証のプロセス，保証の網（QA ネットワーク） ・製品ライフサイクル全体での品質保証 ・製品安全，環境配慮，製造物責任 ・初期流動管理 ・市場トラブル対応，苦情とその処理 ■品質保証：プロセス保証【定義と基本的な考え方】 ・作業標準書 ・プロセス（工程）の考え方 ・QC 工程図，フローチャート ・工程異常の考え方とその発見・処置 ・工程能力調査，工程解析 ・変更管理，変化点管理 ・検査の目的・意義・考え方（適合，不適合） ・検査の種類と方法 ・計測の基本 ・計測の管理 ・測定誤差の評価 ・官能検査，感性品質 ■品質経営の要素：方針管理 ・方針（目標と方策） ・方針の展開とすり合せ【定義と基本的な考え方】	■データの取り方とまとめ方 ・サンプリングの種類《2 段，層別，集落，系統》と性質 ■新 QC 七つ道具 ・親和図法 ・連関図法 ・系統図法 ・マトリックス図法 ■統計的方法の基礎 ・正規分布（確率計算を含む） ・二項分布（確率計算を含む） ・ポアソン分布（確率計算を含む） ・統計量の分布（確率計算を含む） ・期待値と分散 ・大数の法則と中心極限定理【定義と基本的な考え方】 ■計量値データに基づく検定と推定 ・検定・推定とは ・1 つの母分散に関する検定と推定 ・1 つの母平均に関する検定と推定 ・2 つの母分散の比に関する検定と推定 ・2 つの母平均の差に関する検定と推定 ・データに対応がある場合の検定と推定 ■計数値データに基づく検定と推定 ・母不適合品率に関する検定と推定 ・2 つの母不適合品率の違いに関する検定と推定 ・母不適合品数に関する検定と推定 ・2 つの母不適合品数の違いに関する検定と推定 ・分割表による検定 ■管理図 ・$\bar{X}$–s 管理図 ・X 管理図 ・p 管理図，np 管理図 ・u 管理図，c 管理図 ■抜取検査 ・抜取検査の考え方 ・計数規準型抜取検査 ・計量規準型抜取検査 ■実験計画法 ・実験計画法の考え方 ・一元配置実験 ・二元配置実験 ■相関分析 ・系列相関《大波の相関，小波の相関》 ■単回帰分析 ・単回帰式の推定 ・分散分析 ・回帰診断《残差の検討》【定義と基本的な考え方】

級	試験範囲	
	品質管理の実践	品質管理の手法
2級	・方針管理のしくみとその運用【定義と基本的な考え方】 ・方針の達成度評価と反省【定義と基本的な考え方】 ■品質経営の要素：機能別管理【言葉として】 ・マトリックス管理 ・クロスファンクショナルチーム（CFT） ・機能別委員会 ・機能別の責任と権限 ■品質経営の要素：日常管理 ・業務分掌，責任と権限 ・管理項目（管理点と点検点），管理項目一覧表 ・異常とその処置 ・変化点とその管理【定義と基本的な考え方】 ■品質経営の要素：標準化【定義と基本的な考え方】 ・標準化の目的・意義・考え方 ・社内標準化とその進め方 ・産業標準化，国際標準化 ■品質経営の要素：小集団活動 ・小集団改善活動（QC サークル活動など）とその進め方 ■品質経営の要素：人材育成【定義と基本的な考え方】 ・品質教育とその体系 ■品質経営の要素：診断・監査【定義と基本的な考え方】 ・品質監査 ・トップ診断 ■品質経営の要素：品質マネジメントシステム【定義と基本的な考え方】 ・品質マネジメントの原則 ・ISO 9001 ・第三者認証制度【言葉として】 ・品質マネジメントシステムの運用【言葉として】 ■倫理・社会的責任【言葉として】 ・品質管理に携わる人の倫理 ・社会的責任 ■品質管理周辺の実践活動【言葉として】 ・顧客価値創造技術（商品企画七つ道具を含む） ・IE，VE ・設備管理，資材管理，生産における物流・量管理	■信頼性工学 ・品質保証の観点からの再発防止，未然防止 ・耐久性，保全性，設計信頼性【定義と基本的な考え方】 ・信頼性モデル《直列系，並列系，冗長系，バスタブ曲線》 ・信頼性データのまとめ方と解析【定義と基本的な考え方】

2級の試験範囲には3級，4級の範囲も含みます．

級	試験範囲	
	品質管理の実践	品質管理の手法
3 級	■QC 的ものの見方・考え方 ・マーケットイン，プロダクトアウト，顧客の特定，Win-Win ・品質優先，品質第一 ・後工程はお客様 ・プロセス重視（品質は工程で作るの広義の意味） ・特性と要因，因果関係 ・応急対策，再発防止，未然防止，予測予防【定義と基本的な考え方】 ・源流管理 ・目的志向 ・QCD+PSME ・重点指向《選択，集中，局部最適》 ・事実に基づく活動，三現主義 ・見える化《管理のためのグラフや図解による可視化》，潜在トラブルの顕在化【定義と基本的な考え方】 ・ばらつきに注目する考え方 ・全部門，全員参加 ・人間性尊重，従業員満足 (ES) ■品質の概念【定義と基本的な考え方】 ・品質の定義 ・要求品質と品質要素 ・ねらいの品質とできばえの品質 ・品質特性，代用特性 ・当たり前品質と魅力的品質 ・サービスの品質，仕事の品質 ・社会的品質【定義と基本的な考え方】 ・顧客満足 (CS)，顧客価値【言葉として】 ■管理の方法 ・維持と管理【定義と基本的な考え方】 ・PDCA，SDCA，PDCAS ・継続的改善【定義と基本的な考え方】 ・問題と課題【定義と基本的な考え方】 ・問題解決型 QC ストーリー ・課題達成型 QC ストーリー【定義と基本的な考え方】 ■品質保証：新製品開発【定義と基本的な考え方】 ・結果の保証とプロセスによる保証 ・保証と補償【言葉として】 ・品質保証体系図【言葉として】 ・品質機能展開【言葉として】 ・DR とトラブル予測，FMEA，FTA【言葉として】 ・品質保証のプロセス，保証の網（QA ネットワーク）【言葉として】 ・製品ライフサイクル全体での品質保証【言葉として】	■データの取り方・まとめ方 ・データの種類 ・データの変換 ・母集団とサンプル ・サンプリングと誤差 ・基本統計量とグラフ ■QC 七つ道具 ・パレート図 ・特性要因図 ・チェックシート ・ヒストグラム ・散布図 ・グラフ（管理図別項目として記載） ・層　別 ■新 QC 七つ道具【定義と基本的な考え方】 ・親和図法 ・連関図法 ・系統図法 ・マトリックス図法 ・アローダイアグラム法 ・PDPC 法 ・マトリックス・データ解析法 ■統計的方法の基礎【定義と基本的な考え方】 ・正規分布（確率計算を含む） ・二項分布（確率計算を含む） ■管理図 ・管理図の考え方，使い方 ・$\bar{X}$–R 管理図 ・p 管理図，np 管理図【定義と基本的な考え方】 ■工程能力指数 ・工程能力指数の計算と評価方法 ■相関分析 ・相関係数

級	試験範囲	
	品質管理の実践	品質管理の手法
3級	・製品安全，環境配慮，製造物責任【言葉として】 ・市場トラブル対応，苦情とその処理 ■品質保証：プロセス保証【定義と基本的な考え方】 ・作業標準書 ・プロセス（工程）の考え方 ・QC 工程図，フローチャート【言葉として】 ・工程異常の考え方とその発見・処置【言葉として】 ・工程能力調査，工程解析【言葉として】 ・検査の目的・意義・考え方（適合，不適合） ・検査の種類と方法 ・計測の基本【言葉として】 ・計測の管理【言葉として】 ・測定誤差の評価【言葉として】 ・官能検査，感性品質【言葉として】 ■品質経営の要素：方針管理【定義と基本的な考え方】 ・方針（目標と方策） ・方針の展開とすり合せ【言葉として】 ・方針管理のしくみとその運用【言葉として】 ・方針の達成度評価と反省【言葉として】 ■品質経営の要素：日常管理【定義と基本的な考え方】 ・業務分掌，責任と権限 ・管理項目（管理点と点検点），管理項目一覧表 ・異常とその処置 ・変化点とその管理【言葉として】 ■品質経営の要素：標準化【言葉として】 ・標準化の目的・意義・考え方 ・社内標準化とその進め方 ・産業標準化，国際標準化 ■品質経営の要素：小集団活動【定義と基本的な考え方】 ・小集団改善活動（QC サークル活動など）とその進め方 ■品質経営の要素：人材育成【言葉として】 ・品質教育とその体系 ■品質経営の要素：品質マネジメントシステム【言葉として】 ・品質マネジメントの原則 ・ISO 9001	
	3級の試験範囲には4級の範囲も含みます．	

級	試験範囲		
	品質管理の実践	品質管理の手法	
4級	品質管理の実践	品質管理の手法	企業活動の基本
	■品質管理 ・品質とその重要性 ・品質優先の考え方（マーケットイン，プロダクトアウト） ・品質管理とは ・お客様満足とねらいの品質 ・問題と課題 ・苦情，クレーム ■管　理 ・管理活動（維持と改善） ・仕事の進め方 ・PDCA，SDCA ・管理項目 ■改　善 ・改善（継続的改善） ・QCストーリー（問題解決型QCストーリー） ・3ム（ムダ，ムリ，ムラ） ・小集団改善活動とは（QCサークルを含む） ・重点指向とは ■工程（プロセス） ・前工程と後工程 ・工程の5M ・異常とは（異常原因，偶然原因） ■検　査 ・検査とは（計測との違い） ・適合（品） ・不適合（品）（不良，不具合を含む） ・ロットの合格，不合格 ・検査の種類 ■標準・標準化 ・標準化とは ・業務に関する標準，品物に関する標準（規格） ・色々な標準《国際，国家》	■事実に基づく判断 ・データの基礎（母集団，サンプリング，サンプルを含む） ・ロット ・データの種類（計量値，計数値） ・データのとり方，まとめ方 ・平均とばらつきの概念 ・平均と範囲 ■データの活用と見方 ・QC七つ道具（種類，名称，使用の目的，活用のポイント） ・異常値 ・ブレーンストーミング	・製品とサービス ・職場における総合的な品質（QCD+PSME） ・報告・連絡・相談（ほうれんそう） ・5W1H ・三現主義 ・5ゲン主義 ・企業生活のマナー ・5S ・安全衛生（ヒヤリハット，KY活動，ハインリッヒの法則） ・規則と標準（就業規則を含む）

4級は，ウェブで公開している“品質管理検定（QC検定）4級の手引き（Ver.3.1）”の内容で，このレベル表に記載された試験範囲から出題されます．

QC 検定レベル表マトリックス（手法編）

※凡例 — 必要に応じて，次の記号で補足する内容・種類を区別します．
◎：その内容を実務で運用できるレベル
○：その内容を知識として（定義と基本的な考え方を）理解しているレベル
＊：新たに追加した項目
（　）：注釈や追記事項を記しています．
《　》：具体的な例を示しています。例としてこの限りではありません．

		1級	2級	3級
データの取り方とまとめ方	データの種類	◎	◎	◎
	データの変換	◎	◎	◎
	母集団とサンプル	◎	◎	◎
	サンプリングと誤差	◎	◎	◎
	基本統計量とグラフ	◎	◎	◎
	サンプリングの種類(2段, 層別, 集落, 系統など)と性質	◎	◎	
	有限母集団からのサンプリング（超幾何分布など）	◎		
QC 七つ道具	パレート図	◎	◎	◎
	特性要因図	◎	◎	◎
	チェックシート	◎	◎	◎
	ヒストグラム	◎	◎	◎
	散布図	◎	◎	◎
	グラフ（管理図は別項目として記載）	◎	◎	◎
	層別	◎	◎	◎
新 QC 七つ道具	親和図法	◎	◎	○
	連関図法	◎	◎	○
	系統図法	◎	◎	○
	マトリックス図法	◎	◎	○
	アローダイアグラム法	◎	○	○
	PDPC 法	◎	○	○
	マトリックスデータ解析法	◎	○	○
統計的方法の基礎	正規分布（確率計算を含む）	◎	◎	○*
	一様分布（確率計算を含む）	◎		
	指数分布（確率計算を含む）	◎		
	二項分布（確率計算を含む）	◎	◎*	○*
	ポアソン分布（確率計算を含む）	◎	◎*	
	二次元分布（確率計算を含む）	◎		
	統計量の分布（確率計算を含む）	◎	◎*	
	期待値と分散	◎	◎	
	共分散	◎		
	大数の法則と中心極限定理	◎	○*	
計量値データに基づく検定と推定	検定と推定の考え方	◎	◎	
	1つの母平均に関する検定と推定	◎	◎	
	1つの母分散に関する検定と推定	◎	◎	
	2つの母分散の比に関する検定と推定	◎	◎	

QC 検定レベル表マトリックス（手法編・つづき）

		1級	2級	3級
計量値データに基づく検定と推定	2つの母平均の差に関する検定と推定	◎	◎	
	データに対応がある場合の検定と推定	◎	◎	
	3つ以上の母分散に関する検定	◎		
計数値データに基づく検定と推定	母不適合品率に関する検定と推定	◎	◎*	
	2つの母不適合品率の違いに関する検定と推定	◎	◎*	
	母不適合数に関する検定と推定	◎	◎*	
	2つの母不適合数に関する検定と推定	◎	◎*	
	適合度の検定	◎		
	分割表による検定	◎	◎*	
管理図	管理図の考え方，使い方	◎	◎	◎
	$\bar{X}$–R 管理図	◎	◎	◎
	$\bar{X}$–s 管理図	◎	◎	
	X–Rs 管理図	◎	◎	
	p 管理図，np 管理図	◎	◎	○*
	u 管理図，c 管理図	◎	◎	
	メディアン管理図	◎		
工程能力指数	工程能力指数の計算と評価方法	◎	◎	◎
	工程能力指数の区間推定	◎		
抜取検査	抜取検査の考え方	◎	◎	
	計数規準型抜取検査	◎	◎	
	計量規準型抜取検査	◎	◎	
	計数選別型抜取検査	◎		
	調整型抜取検査	◎		
実験計画法	実験計画法の考え方	◎	◎	
	一元配置実験	◎	◎	
	二元配置実験	◎	◎	
	多元配置実験	◎		
	乱塊法	◎		
	分割法	◎		
	枝分かれ実験	◎		
	直交表実験（多水準法，擬水準法，分割法など）	◎		
	応答曲面法・直交多項式	○		
ノンパラメトリック法		○*		
感性品質と官能評価手法		○*		
相関分析	相関係数	◎	◎	◎*
	系列相関（大波の相関，小波の相関など）	◎	◎	
	母相関係数の検定と推定	◎		
単回帰分析	単回帰式の推定	◎	◎	
	分散分析	◎	◎	
	回帰母数に関する検定と推定	◎		
	回帰診断（2級は残差の検討）	◎	○*	
	繰り返しのある場合の単回帰分析	◎		

QC 検定レベル表マトリックス（手法編・つづき）

		1級	2級	3級
重回帰分析	重回帰式の推定	◎		
	分散分析	◎		
	回帰母数に関する検定と推定	◎		
	回帰診断	◎		
	変数選択	◎		
	さまざまな回帰式	◎		
多変量解析法	判別分析	◎		
	主成分分析	◎		
	クラスター分析	○		
	数量化理論	○		
信頼性工学	品質保証の観点からの再発防止・未然防止	◎	◎	
	耐久性，保全性，設計信頼性	◎	○	
	信頼性モデル（直列系，並列系，冗長系，バスタブ曲線など）	◎	◎	
	信頼性データのまとめ方と解析	◎	○*	
ロバストパラメータ設計	パラメータ設計の考え方	◎		
	静特性のパラメータ設計	◎		
	動特性のパラメータ設計	◎		

QC 検定レベル表マトリックス（実践編）

※凡例 — 必要に応じて，次の記号で補足する内容・種類を区別します．
◎：その内容を実務で運用できるレベル
○：その内容を知識として（定義と基本的な考え方を）理解しているレベル
△：言葉として知っている程度のレベル
*：新たに追加した項目
（　）：注釈や追記事項を記しています．
《　》：具体的な例を示しています。例としてこの限りではありません．

		1級	2級	3級
品質管理の基本（QC 的なものの見方／考え方）	マーケットイン，プロダクトアウト，顧客の特定，Win-Win	◎	◎	◎
	品質優先，品質第一	◎	◎	◎
	後工程はお客様	◎	◎	◎
	プロセス重視（品質は工程で作るの広義の意味）	◎	◎	◎
	特性と要因，因果関係	◎	◎	◎
	応急対策，再発防止，未然防止	◎	◎	○
	源流管理	◎	◎	◎
	目的志向	◎	◎	◎
	QCD+PSME	◎	◎	◎
	重点指向	◎	◎	◎

QC 検定レベル表マトリックス（実践編・つづき）

			1 級	2 級	3 級
品質管理の基本（QC 的なものの見方／考え方）		事実に基づく活動，三現主義	◎	◎	◎
		見える化，潜在トラブルの顕在化	◎	◎	○
		ばらつきに注目する考え方	◎	◎	◎
		全部門，全員参加	◎	◎	◎
		人間性尊重，従業員満足（ES）	◎	◎	◎
品質の概念		品質の定義	◎	◎	○
		要求品質と品質要素	◎	◎	○
		ねらいの品質とできばえの品質	◎	◎	○
		品質特性，代用特性	◎	◎	○
		当たり前品質と魅力的品質	◎	◎	○
		サービスの品質，仕事の品質	◎	◎	○
		社会的品質	◎	○	○
		顧客満足（CS），顧客価値	◎	○	△
管理の方法		維持と改善	◎	◎	○
		PDCA，SDCA	◎	◎	◎
		継続的改善	◎	◎	○
		問題と課題	◎	◎	○
		問題解決型 QC ストーリー	◎	◎	◎
		課題達成型 QC ストーリー	◎	◎	○*
品質保証	新製品開発	結果の保証とプロセスによる保証	◎	○	○*
		保証と補償	◎	○	△*
		品質保証体系図	◎	○	△*
		品質機能展開（QFD）	◎	○	△*
		DR とトラブル予測，FMEA，FTA	◎	○	△*
		品質保証のプロセス，保証の網（QA ネットワーク）	◎	○	△*
		製品ライフサイクル全体での品質保証	◎	○	△*
		製品安全，環境配慮，製造物責任	◎	○	△*
		初期流動管理	◎	○	
		市場トラブル対応，苦情とその処理	◎	○	○*
	プロセス保証	作業標準書	◎	○	○
		プロセス（工程）の考え方	◎	○	○
		QC 工程図，フローチャート	◎	○	△
		工程異常の考え方とその発見・処置	◎	○	△
		工程能力調査，工程解析	◎	○	△
		変更管理，変化点管理	◎	○	
		検査の目的・意義・考え方（適合，不適合）	◎	○	○
		検査の種類と方法	◎	○	○
		計測の基本	◎	○	△
		計測の管理	◎	○	△
		測定誤差の評価	◎	○	△*
		官能検査，感性品質	◎	○	△*

QC 検定レベル表マトリックス（実践編・つづき）

			1級	2級	3級
品質経営の要素	方針管理	方針（目標と方策）	◎	◎	○
		方針の展開とすり合せ	◎	○	△
		方針管理のしくみとその運用	◎	○	△
		方針の達成度評価と反省	◎	○	△
	機能別管理	マトリックス管理	○	△	
		クロスファンクショナルチーム（CFT）	○	△	
		機能別委員会	○	△	
		機能別の責任と権限	○	△	
	日常管理	業務分掌，責任と権限	◎	◎	○
		管理項目（管理点と点検点），管理項目一覧表	◎	◎	○
		異常とその処置	◎	◎	○
		変化点とその管理	◎	○	△
	標準化	標準化の目的・意義・考え方	◎	○	△
		社内標準化とその進め方	◎	○	△
		産業標準化，国際標準化	◎	○	△
	小集団活動	小集団改善活動（QC サークル活動など）とその進め方	◎	◎	○
	人材育成	品質教育とその体系	◎	○	△
	診断・監査	品質監査	◎	○	
		トップ診断	◎	○	
	品質マネジメントシステム	品質マネジメントの原則	◎	○	△*
		ISO 9001	◎	○	△*
		第三者認証制度	○	△	
		品質マネジメントシステムの運用	◎	△	
倫理／社会的責任		品質管理に携わる人の倫理	○	△	
		社会的責任（SR）	○	△	
品質管理周辺の実践活動		顧客価値創造技術（商品企画七つ道具を含む）	○	△	
		マーケティング，顧客関係性管理	○		
		IE，VE	○	△	
		設備管理，資材管理，生産における物流・量管理	○	△	
		データマイニング，テキストマイニングなど	△		

4. QC検定のお申込み方法

QC検定試験では個人での受検申込みのほかに，団体での受検申込みをいただくことができます．

団体受検とは，申込担当者が一定数以上の人数をまとめてお申込みいただく方法で，書類等は一括して担当者の方へ送付します．条件を満たすと受検料に割引が適用されます．

個人受検と団体受検の申込み方法の詳細は，下記QC検定センターウェブサイトで最新の情報をご確認ください．

QC検定に関するお問合せ・資料請求先

一般財団法人日本規格協会　QC検定センター
〒108–0073　東京都港区三田3–13–12 三田MTビル
専用メールアドレス　kentei@jsa.or.jp
QC検定センターウェブサイト　https://www.jsa.or.jp/qc/

問題編

3 級

第1章

品質管理の基本（QC 的なものの見方／考え方）

1. 品質管理の基本

(1) 品質管理とは

戦後の1950年代，Made in Japanは粗悪品の代名詞であったが，米国のデミング博士に事実とデータに基づいた管理の重要性を学び，統計的品質管理（SQC：Statistical Quality Control）が広まった．これがQC（Quality Control）の始まりであり，国内の製造業を中心に導入され，以降，日本製品の品質は飛躍的に向上することになった．

品質管理の定義は，時代の背景や環境の変化に伴い変わってきた経緯があるが，JIS Z 8101:1981では，“品質管理とは，買手の要求に合った品質の品物又はサービスを経済的に作り出すための手段の体系”と定義されている．さらに“品質管理を効果的に実施するためには，市場の調査，研究・開発，製品の企画，設計，生産準備，購買・外注，製造，検査及びアフターサービス並びに財務，人事，教育など企業活動の全段階にわたり，経営者を始め管理者，監督者，作業者など企業の全員の参加と協力が必要である”．このようにして実施される品質管理は総合的品質管理と呼ばれた．

(2) 品質管理の変遷

この1980年代から，日本の品質管理活動は製造業のみならずサービス業など多くの業種に導入され，さらに質のよい製品・サービスを提供することで，海外との競争力を向上させてきた．このように品質を広義に捉え，組織全体で推進する総合的品質管理TQC（Total Quality Control）へと移り変わった．

1990年代には，社会のグローバル化の流れの中で，ISO（国際標準化機構）により国際規格としてまとめられ，それまでの“管理する”という概念から，全社的な各運用プロセスも含めた品質マネジメントを主体とした経営的活動の考え方が定着した．この変化に伴い，より優れた製品やサービスを提供するためのシステムづくりを主とした戦略的な経営管理を重視する総合的品質マネジメントTQM（Total Quality Management）の導入へと進化してきた（図1.A

参照).

特に TQC のステークホルダー（利害関係者）が主に顧客を対象にしていたのに対し，TQM では顧客に加え，従業員，地域社会，サプライヤー，ディーラーなど配慮すべき範囲を拡大しているのが特徴である.

	QC	TQC	TQM
質	製品の品質	製品・サービスの品質	経営の質
対象	製品	プロセス	システム
防止	再発防止	未然防止	予測予防
目的	対策	改善	改革
視点	Q	QCD	QCD＋PSME*
重視	内部	顧客	社会

＊品質 (Quality)，価格 (Cost)，納期 (Delivery)，生産性 (Productivity)，安全 (Safety)，モラル (Morale)，環境（Environment）

図 1.A　QC から TQM への変遷

(3)　QC 的ものの見方・考え方

品質の対象が製品のみから，製品を含むあらゆるサービスの品質へと変化したことで，品質管理にかかわる全ての業種及び部門に対し，共通化した“QC 的なものの見方／考え方”を教育・実践するようになってきた. QC 的なものの見方／考え方は，会社が掲げる企業理念から問題解決，さらには利害関係者に至るまで仕事に取り組む際の基本的な考え方として考案されたキーワードである（図 1.B 参照).

この QC 的なものの見方／考え方に基づいて，解決手順（QC ストーリー）と統計的手法の併用により，問題解決に取り組むことが有効とされている.

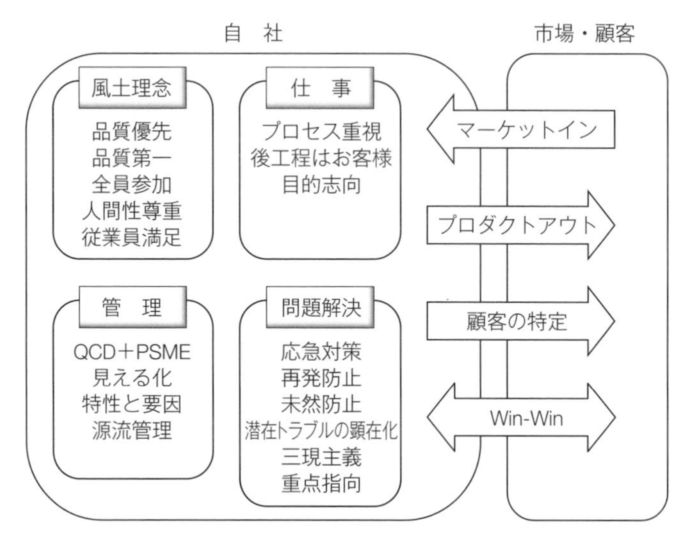

図 1.B　QC 的なものの見方／考え方

●出題のポイント

3 級では，日常的によく用いられる QC 的ものの見方／考え方の基本的な知識について出題されている．実践的な活用法というよりは，その用語の意味を理解し，考え方を理解しておくことが重要である．

また，品質管理の基本的な定義の理解と QC から TQC，TQM へと時代とともに原則が変化している点も出題されている．

その他，管理のサイクルも高い確率で出題されており，PDCA と SDCA の違いや，対策時の再発防止と未然防止，さらには応急処置，是正処置，予測予防の違いなど類似語や関連する用語の意味の違いを理解しておくとよい．

実践的な問題では，QC 的ものの見方／考え方と QC ストーリーや QC 七つ道具と合わせて活用した例など，複合的な問題解決手順に関する出題がされているので，広範囲な用語の意味と活用方法を学んでおくとよい．

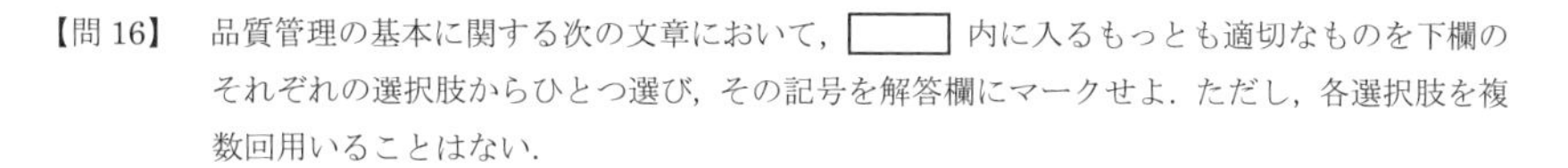

問題 1.1

［第14回問16］

【問16】　品質管理の基本に関する次の文章において，［　　］内に入るもっとも適切なものを下欄のそれぞれの選択肢からひとつ選び，その記号を解答欄にマークせよ．ただし，各選択肢を複数回用いることはない．

① 市場の要望に適合する製品を生産者が企画・設計・製造・販売する活動を［(77)］という．これと対をなす言葉として［(78)］がある．

【［(77)］［(78)］の選択肢】

ア．ベンチマーク　　イ．マーケットリサーチ　　ウ．マーケットイン
エ．プロダクトミックス　　オ．プロダクトアウト　　カ．プロダクトレベル

② 設計品質のことを［(79)］ともいい，その設計品質をもとに製造した実際の品質を製造品質といい，［(80)］ともいう．

【［(79)］［(80)］の選択肢】

ア．できばえの品質　　イ．ねらいの品質　　ウ．作業品質　　エ．信頼の品質
オ．サービスの品質

③ 要求される品質特性を直接測定することが困難な場合，その代用として用いられる特性を［(81)］という．

【［(81)］の選択肢】

ア．代用特性　　イ．真の特性　　ウ．疑似特性　　エ．評価特性　　オ．特性要因
カ．計量特性

④ 安定した好ましいレベルの品質を作り続けるためには，条件の管理と［(82)］の管理の両方を行うことが必要である．［(82)］の管理を行うためには，その製品の品質を表す［(83)］値を測定し，その値がいつもと同じかどうかを判断することが必要である．

【［(82)］［(83)］の選択肢】

ア．設備　　イ．標準　　ウ．特性　　エ．作業　　オ．結果
カ．範囲

問題 1.2

［第 15 回問 11］

【問 11】 次の文章において，[ ] 内に入るもっとも適切なものを下欄のそれぞれの選択肢からひとつ選び，その記号を解答欄にマークせよ．ただし，各選択肢を複数回用いることはない．

① 品質管理の基本に，「製造が設計図面どおりの製品を製造しても，その製品が必ず売れるとは限らない．まず，お客様がどのような製品を望んでおられるのかを調査して，その要望にあった製品の開発や設計から取り組まなくてはならない」という考えがある．それは，品質管理の目指すところは，企業（提供する側）として，商品やサービスを使っていただくお客様を大事にしていく [(48)] の姿勢が大切であることを教えられたものである．この考え方は，自部門が原因で発生させた仕事上のトラブルは，不適合品や納期遅れなど，後工程にも大きな迷惑をかけることから，[(49)] と考えて，問題解決にいち早く取り組んでいく必要があることへと発展していった．そして全社の全部門の，トップから第一線までの全員が，“品質第一”を目標に，品質管理の考え方や手法を活用した活動，つまり，“全社的品質管理活動”の実践へとつながっていくことになった．

② 職場に潜む問題は多く，一度にすべてを解決できない．そこで，重要なものから順次解決していく [(50)] の考え方を取り入れるとよい．また，問題が発生したとき，応急処置的な対策にとどまらず，その問題を生み出している原因がどこにあるのかを遡って検討するという，[(51)] の考え方は重要である．

③ 現状や要因分析を進めるとき，事実を重視し，データでものをいう [(52)] を基本とすることが求められる．また，データはばらつきを持った結果であるから，[(53)] を行う必要がある．これらの活動は，結果だけを追うのではなく，プロセスに着目し，仕事の仕組みややり方を向上させる [(54)] が重要となる．そして，よい成果があがり，改善された水準を維持していくために，[(55)] を行う必要がある．

【[(48)] ～ [(51)] の選択肢】

ア．重点指向　　イ．お客様本位　　ウ．源流管理　　エ．後工程はお客様
オ．徹底管理　　カ．先着順　　キ．対のデータ収集

【[(52)] ～ [(55)] の選択肢】

ア．プロセス管理　　イ．商品試行　　ウ．ばらつきの管理　　エ．5W1H 管理
オ．事実による管理　　カ．自動化　　キ．標準化

問題 1.3

［第18回問16］

【問16】　次の文章において，[　　] 内に入るもっとも適切なものを下欄のそれぞれの選択肢からひとつ選び，その記号を解答欄にマークせよ．ただし，各選択肢を複数回用いることはない．

① 問題が発生したとき，原因がわからない，原因はわかっているが現状では対応できないなど，このような異常に対して，これ以上損失を大きくさせないために行うのが応急対策である．

② 問題が発生したときに，設備や作業方法などに対して原因を調査し，その発生原因を取り除き，再び同じ原因で問題が発生しないように [(95)] を行うのが [(96)] 活動である．この活動は [(97)] 対策などともいわれる．特にこの活動では真の原因をいかに探し出すかが重要となる．

③ 将来発生する可能性のある不適合や不具合，またはその他で望ましくない状況を引き起こすと考えられる潜在的な原因を取り除くのが [(98)] 活動である．この活動には，問題発生を事前に防ぐ処置と，発生しても [(99)] な影響を引き起こさないようにする処置とがある．この活動を進めるためには，発生が予想される問題を洗い出す必要がある．自職場で過去に経験した不適合や不具合などの [(100)] を総合的に分析し，自職場の弱さを知っておくことも，この活動を進めるうえで有効となる．

【[(95)] ～ [(97)] の選択肢】

ア．要因　　イ．再発防止　　ウ．見える化　　エ．予防処置　　オ．歯止め
カ．未然防止　　キ．恒久　　ク．真の原因　　ケ．暫定　　コ．源流管理

【[(98)] ～ [(100)] の選択肢】

ア．パレート図　　イ．失敗事例　　ウ．潜在ニーズ　　エ．未然防止
オ．暫定的　　カ．致命的　　キ．是正措置　　ク．成功体験

問題 1.4

[第 20 回問 11]

【問 11】 QC 的ものの見方・考え方に関する次の文章において，[ ] 内に入るもっとも適切なものを下欄のそれぞれの選択肢からひとつ選び，その記号を解答欄にマークせよ．ただし，各選択肢を複数回用いることはない．

① 仕事を進めていくうえで，結果だけを追うのではなく，結果を生み出す仕組みややり方に着目し，これを向上させるように管理していく考えを [(53)] という．

② 管理された状態で作られたものでも，品質特性はばらつく．この要因を主観的に把握するのでなく，データで把握して客観的に判断していくことが重要である．これを [(54)] という．

③ ものづくりの工程には，多くの管理・改善すべき項目がある．そこで重要と思われる項目に焦点を絞ることを [(55)] という．

【[(53)] ～ [(55)] の選択肢】

ア．ばらつきの管理	イ．集中管理	ウ．要因分析
エ．事実に基づく管理	オ．プロセス重視	カ．なぜなぜ分析
キ．データ管理	ク．重点指向	

④ お客様が真に要求する品物やサービスを提供するために，お客様の満足を目指して活動を行うことを [(56)] といい，常に満足度を高めていくことが重要である．

⑤ 自分がした仕事の受け手は，みんなお客様であると考えて，本当に良い仕事，満足していただける仕事を後工程にお渡しする，という考え方を [(57)] という．

⑥ ものづくりの工程においては，発生した異常に対して処置を講じる再発防止と，潜在的な問題に対して予想し，あらかじめ処置を講じる [(58)] がある．

【[(56)] ～ [(58)] の選択肢】

ア．後工程はお客様	イ．品質改善	ウ．品質第一	エ．未然防止
オ．顧客指向	カ．前工程優先	キ．仕事優先	

問題 1.5

［第23回問9］

【問9】 次の文章において，[　　] 内に入るもっとも適切なものを下欄のそれぞれの選択肢からひとつ選び，その記号を解答欄にマークせよ．ただし，各選択肢を複数回用いることはない．

① 品質保証を中核にして，組織の全部門・全従業員が参画する実践的な経営管理手法が [(51)]（TQM : Total Quality Management）である．日本ではTQMを経営のツールとして活用している企業が多く，この取組み内容は，[(52)] 指向，品質優先の考え方，[(53)]，全員参加などを原則としているところが多い．

② TQMの実践は，経営の基本方針に基づき，長中期や短期の経営計画を定め，それらを効果的かつ効率的に達成することを目的に，組織全体の協力のもとに行われることが重要である．日常的に管理すべき活動に加え，前向きに現状打破の改善や改革に取り組む活動が [(54)] である．この取組みを推進していくためには，上位の重点課題と目標・方策，下位の重点課題と目標・方策との一貫性が重要であり，このために組織の関係者間で行われる調整が [(55)] である．

③ 各部門に課せられた通常の業務について，各部門がその役割を確実に果たすために行う活動が [(56)] である．この活動の基本は，各部門が [(57)] を遵守し，現状を維持していくことである．さらに，品質・コスト・納期・量など，経営要素ごとに全社的目標を定め，それを達成するために各部門の最適化を図り，かつ部門横断的に連携・協力することを目的に行われる活動が [(58)] である．

【[(51)] ～ [(53)] の選択肢】

ア．不適合低減	イ．円滑な人間関係	ウ．総合的品質管理
エ．社内外教育	オ．実行	カ．継続的な改善
キ．総合的品質保証	ク．顧客	ケ．全社的品質統制
コ．社内		

【[(54)] ～ [(58)] の選択肢】

ア．実践課題	イ．方針のすり合わせ	ウ．レビュー	エ．機能別管理
オ．標準類	カ．目標管理	キ．方針管理	ク．安全
ケ．部門別管理	コ．問題解決		

問題 1.6

[第 26 回問 9]

【問 9】 次の文章において，［　　］内に入るもっとも適切なものを下欄のそれぞれの選択肢からひとつ選び，その記号を解答欄にマークせよ．ただし，各選択肢を複数回用いることはない．

① かつて日本に統計的品質管理が導入された当初は，［(51)］重点主義で適合品を顧客に提供するという考え方が多かった．しかし，この考え方では多くの工数や費用がかかるばかりでなく，検査漏れなどの問題が発生する．そこで，工程を構成する［(52)］を適切に管理することによって，“品質を工程で作り込む”という考え方が重要視されるようになった．

【［(51)］［(52)］の選択肢】

ア．工程管理　イ．コスト　ウ．QCD　エ．検査　オ．4M

② 工程を管理するためには，工程のアウトプットが具備している［(53)］と，それに影響する要因との関係を明確にする必要があり，これを工程解析という．その結果をもとに，工程で管理すべき要因と，その条件を QC 工程図や作業標準などに明記し，所定の条件で作業を行う．そして，［(54)］やチェックシートなどを活用して，工程が管理状態かどうかを確認する．

③ すべての仕事において“品質を工程で作り込む”という考え方が適用できる．すなわち，仕事の結果のみを追い求めるのでなく，結果を生み出す［(55)］を管理し，改善することで良い結果が生まれる．この手順や条件などが明確になっていると，誰がやっても仕事の結果が安定し，悪い結果が出た場合は，手順や条件を改善することで素早く対処できる．

【［(53)］～［(55)］の選択肢】

ア．管理図　イ．開発設計　ウ．特性要因図　エ．検査規格
オ．品質特性　カ．パレート図　キ．プロセス　ク．評価方法
ケ．確認方法

問題 1.7

［第27回問11］

【問11】　次の文章において，［　　］内に入るもっとも適切なものを下欄のそれぞれの選択肢からひとつ選び，その記号を解答欄にマークせよ．ただし，各選択肢を複数回用いることはない．

① 品質管理の基本的な考え方に“品質は［(52)］でつくり込め”がある．顧客が求める製品やサービスを実現するためには，それを実現させるプロセス（過程）とその成果との関係を確認し，このプロセスの適切な維持，そして改善をしていくことが，プロセスに基づく管理である．

② 安定した良いプロセスにより，安定した良い結果（品質）を生み続けることが可能になる．この実現には特性と要因との因果関係を調査・確認するという［(53)］を十分に行うことが必要である．そしてこの結果をもとに，要因系の［(54)］と，これに対応した結果としての［(55)］の管理方式を設定し，それらを［(56)］に明記し，プロセス重視の管理活動を行っていくのが一般的である．

③ この管理方式を決定するとき留意すべきことは，結果（ばらつき）に影響を与えると考えられる要因は無限にあり，その全てを管理することは技術的にも経済的にも不可能である．したがって，結果に大きな影響を与えると考えられる［(57)］の高い要因を選出し，その管理方式を設定するという［(58)］の取り組みが求められる．

【［(52)］～［(56)］の選択肢】

ア．管理水準　　イ．点検項目　　ウ．統計分析　　エ．QC工程図
オ．検査　　カ．管理状態　　キ．工程解析　　ク．品質保証体系図
ケ．管理特性　　コ．工程

【［(57)］［(58)］の選択肢】

ア．規格値　　イ．特性値　　ウ．重点指向　　エ．不適合数　　オ．現象面
カ．寄与率　　キ．目標値

3 級

第2章

品質の概念

2. 品質の概念

品質という言葉は様々な場面でよく使われるが，そもそも品質の定義や種類，考え方など様々である．QC 検定レベル表では“品質の概念”として以下の項目で構成されている．

・品質の定義

・要求品質と品質要素

・ねらいの品質とできばえの品質

・品質特性，代用特性

・当たり前品質と魅力的品質

・サービスの品質，仕事の品質

・社会的品質

・顧客満足（CS），顧客価値

以下に，各項目を解説する．

(1) 品質の定義

品質とは，JIS Q 9000 において“対象に本来備わっている特性の集まりが，要求事項を満たす程度”と定義されており，品質は，性質，性能の集合概念である．つまり，品質は，お客様が求める価値と提供された製品又はサービスとの適合具合と考えることができる．

(2) 要求品質と品質要素

JIS Q 9025:2003 によると，要求品質とは“製品に対する要求事項の中で，品質に関するもの”である．お客様の声として市場から収集し，分析することでお客様が求めている品質を把握することができる．これが要求品質である．

また，製品又はサービスの要求品質は，構成している性質，性能に品質展開という方法で分解して，個々の性質，性能について論じられることがよく行われている．この時に展開された個々の性質，性能を品質要素と呼ぶ．日常用語的には，品質要素のことを単に品質と呼ぶこともしばしば行われている．

(3)　ねらいの品質とできばえの品質

ねらいの品質は，設計品質とも呼ばれ，品質特性に対する品質目標のことであり，製造の目標としてねらった品質のことである．また，できばえの品質は，ねらいの品質で設定した品質目標に対して，それをねらって製造した製品の実際の品質のことで，製造品質や適合品質ともいう．できばえの品質はねらいの品質に対してばらつきをもつ．

(4)　品質特性，代用特性

品質特性とは，顧客のニーズや期待に関連する，製品，プロセス又はシステムに本来備わっている特性のことである．例えば，電化製品の安全性やデザインなどを意味する．製品の価格や所有者など，本来備わっていない付与された特性は品質特性とはならない．

代用特性とは，技術的，あるいは経済的側面から，要求される品質特性を測定することが困難なとき，その代用として用いる測定が比較的容易な他の品質特性のことである．例えば，スポット溶接の強度は真の品質特性であるが，その測定は破壊して得ることとなる．製品を破壊するとロスコストが発生することになるので，溶接の電流と強度の関係が一定であることがわかっていれば電流を測定することで強度を知ることができ，この場合，溶接電流が溶接強度の代用特性ということになる．

(5)　当たり前品質と魅力的品質

顧客が，企業から提供された製品又はサービスの品質に対し，どのように感じているかについて情報収集をすると，魅力的品質，一元的品質，当たり前品質などに分類することができる．それぞれについて，二元的な認識方法で表した図（狩野モデル）を図 2.A に示し，同図に基づき解説する．

図 2.A より，それぞれの品質は以下のとおりと解釈できる．

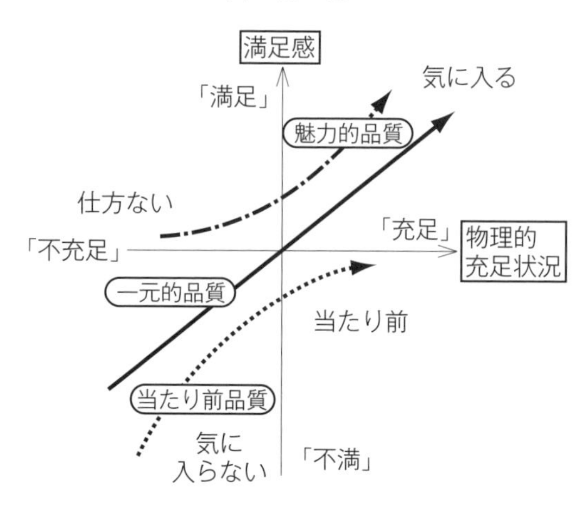

図 2.A 物理的充足状況と使用者の満足感との対応関係概念図

出所 狩野紀昭他（1984）：魅力的品質と当たり前品質，品質，Vol.14, No.2, p.39–48

・魅力的品質（図内の一点鎖線部分）は物理的充足状況が充足されていれば満足となり，充足していなくても仕方ないと受け入れられる．

・一元的品質（図内の実線部分）は，物理的充足状況が充足されていれば満足となり，充足していなければ不満となる．

・当たり前品質（図内の破線部分）は，物理的充足状況が充足されていても満足とも不満足ともならないが，充足していなければ不満となる．

また，図 2.A にはないが，“無関心品質”と“逆品質”についても述べておく．

・無関心品質は，物理的充足状況が充足されていても充足されていなくても満足も与えず不満も引き起こさない．

・逆品質は，物理的充足状況が充足されているのに不満を引き起こしたり，不充足であるのに満足を与えたりする．

(6) サービスの品質，仕事の品質

一般に，物については，出来ばえが良いとか悪いという程度を客観的にとらえることができ，わかりやすい．一方，サービスや仕事そのものについては，

その行為に対する対応や仕事の結果の良し悪しを客観的に解釈するは難しい．しかし，品質の本来の意味は“質（quality）”であり，物（製造された製品・部品）だけではなく，行為（サービスや仕事そのもの）に対しても使われる．行為に対する対応や仕事そのものの良し悪しをサービスの品質，仕事の品質という．

(7)　社会的品質

社会的品質とは，製品・サービスが購入者・使用者以外の社会や環境に及ぼす影響の程度のことをいう．代表的なものに，CO_2 をはじめとする温室効果ガスによる地球温暖化問題や騒音などの環境問題が挙げられる．CO_2 は少なければ少ないほど，騒音は小さければ小さいほど品質が優れていると考えることができ，社会的品質を高めるためにはその低減が行われなければならない．TQM のステークホルダーには“社会”も含まれる．社会的責任（CSR）が企業価値の一つとなる．

(8)　顧客満足（CS），顧客価値

顧客満足とは，顧客の要求が満たされている程度に関する顧客の受け止め方のことである．英語で顧客満足は Customer Satisfaction と表され，その頭文字をとって，CS と略される．

また，顧客価値とは，顧客が適正と認める価値のことである．

引用・参考文献

1）吉澤正編(2004)：クォリティマネジメント用語辞典，p.186, p.298, p.307, p.308, p.333, p.440, p.445, p.522, p.580, p.581, p.582，日本規格協会

●出題のポイント

品質の概念に関して３級で求められるレベルは，“知識として理解している”であり，概要解説には２級レベルの実務での運用レベルの内容も含まれているが，仕事の中で使われる品質を講義に捉え，理解をしておく必要がある．

傾向としては，ねらいの品質とできばえの品質，品質特性・代用特性に関する問題が出題されていることが多い．

問題 2.1

[第22回問10]

【問10】 ある製造部の直接部門（現場）で仕事をしているAさんと間接部門（事務）で仕事をしているBさんの会話である．次の文章において，[　] 内に入るもっとも適切なものを下欄のそれぞれの選択肢からひとつ選び，その記号を解答欄にマークせよ．ただし，各選択肢を複数回用いることはない．

Aさん：私達，製造現場の工程では，作業ごとにどの材料を，どの設備で，誰が，どのような方法で加工し，そのできばえをどの [(50)] で評価するかという5Mが明確に [(51)] として決まり，それが誰でもわかるよう見える化し，誤作業等が発生しないよう，工程が整備されています．そして，日常で気を付けていることは，いつも最良な環境で作業ができるよう，[(52)]（整理・整頓・清掃・清潔）に徹するということです．

Bさん：そうですか．品質問題が少ない理由が理解できました．私達，間接部門の職場では，直接部門の作業のように，決められている仕事以外に，自分で判断することや，創意工夫が求められる範囲も広いため，製造現場での“[(53)] の品質”という，仕事の結果の評価が難しいように感じます．そんな中で，いつも心がけていることは，私達の仕事の後工程である製造部門の皆さんに喜んでもらえる仕事をする，つまり製造部門へのCS（[(54)]）の向上に徹するということです．

Aさん：そうですね．

Bさん：さらに，私達の職場には製造部門の現場で困っている問題の相談も多くあります．こんなときに特に心がけていることは，問題の現場に行って，起こっている現物を観察し，現実を知った後に行動するということです．

Aさん：それは「[(55)]」ということですよね．私達も職場で管理や改善活動を行うとき，経験や勘に頼るのではなく，できる限りデータを採取し，そこから得られた事実を基本に行動していくことを心がけています．

Bさん：品質管理の基本である「[(56)]」に徹するということですね．

【[(50)] ～ [(52)] の選択肢】

ア．測定器　イ．官能検査　ウ．品質保証　エ．品質マネジメントシステム
オ．4S　カ．方針管理　キ．作業標準　ク．環境マネジメントシステム

【[(53)] [(54)] の選択肢】

ア．企画の品質　イ．顧客心理　ウ．後工程はお客様
エ．管理状態　オ．総合　カ．できばえ
キ．品質は工程で作り込む　ク．ねらい　ケ．顧客満足度

【[(55)] [(56)] の選択肢】

ア．現実主義　イ．固有技術　ウ．三現主義　エ．製造品質
オ．ファクト・コントロール　カ．社内標準化　キ．問題解決

問題 2.2

[第16回問15]

【問15】 品質に関する次の文章において，[ ] 内に入るもっとも適切なものを下欄の選択肢からひとつ選び，その記号を解答欄にマークせよ．ただし，各選択肢を複数回用いることはない．

① 品質とは，製品等に本来備わっている特性の集まりが，要求事項を満たす [(82)] のことで，その特性のことを品質特性という．

② 見た目，肌ざわり，味，使いやすさなど，人間の感覚器官によって評価・判断される特性を [(83)] 特性という．

③ できばえの品質は [(84)] 品質ともいわれ，ロットの合格率，工程の不適合品率，平均値・ばらつきなどによって，できあがった製品がねらった品質にどの程度合致しているかを評価する．

④ 製品を壊さなければ要求されている特性を直接測定できない場合，要求されている特性と一定の関係（相関関係など）にある [(85)] 特性を測定することがある．

⑤ "材料規格"や"品質規格"などに規定される品質は，製造の目標としてねらった品質のことで，[(86)] 品質と呼ばれている．

【選択肢】

ア．仕様　イ．契約　ウ．条件　エ．官能　オ．製造
カ．代用　キ．設計　ク．程度　ケ．感性　コ．代替

問題 2.3

[第21回問10]

【問10】　社会的品質に関する次の文章において，[　　] 内に入るもっとも適切なものを下欄の選択肢からひとつ選び，その記号を解答欄にマークせよ．ただし，各選択肢を複数回用いることはない．

近年，地球温暖化，酸性雨，オゾン層破壊，廃棄物などの環境問題が重要課題になっている．J社は，品質保証活動の一環として自社の製品・サービスの環境負荷を再評価することにした．そこで，製品・サービスにかかわる社会的品質に対する考え方を整理するために関係者が集まり意見交換したところ次の意見が出た．

① 社会的品質は，[(53)] に迷惑をかけない品質を作り込んだ製品・サービスの提供を念頭に置くことが重要である．社会的品質は，製品・サービスまたは提供プロセスが [(53)] のニーズを満たす程度ととらえることができる．ここでいう [(53)] は，供給者と購入者・使用者以外の不特定多数を指している．

② 品質保証は，製品・サービスが，その購入者・使用者のニーズにどのくらい合っているかが重要である．さらに，品質保証として，製品・サービスの提供で [(54)] 副産物や，[(53)] のニーズなどを取り込んで対処する取組みを忘れてはならない．

③ 製品の故障に伴う修理や買換えなど使用中に必要になった費用，製品廃棄に伴う公害問題や副作用を引き起こす弊害項目で発生した [(55)] など，システムの使用段階で発生する社会的 [(55)] を評価することも重要である．

④ 社会的品質は，品質を構成しているさまざまな性質をその内容によって分解して項目化した [(56)] の一つである．よく用いられる [(56)] は，機能，性能，意匠，使用性などがある．[(56)] を明確にすることにより，品質を構成している特定の性質を詳しく検討できる．

⑤ 社会的品質を満たすことは，健康で社会の繁栄を含む持続可能な発展への貢献，利害関係者の期待への配慮などを重視する社会的 [(57)] の一部となる．社会的 [(57)] は，組織が決めたことやその活動が社会・環境に及ぼす影響に対して，透明で倫理的な行動を組織が担うことが重要である．

【選択肢】

ア．意図された	イ．便益	ウ．損失	エ．代用特性	オ．責任
カ．意図しない	キ．第三者	ク．補償	ケ．品質要素	コ．権限

問題 2.4

［第 8 回問 12］

【問 12】 品質管理の基本に関する次の文章において，［　］内に入るもっとも適切なものを下欄の選択肢からひとつ選び，その記号を解答欄にマークせよ．ただし，各選択肢を複数回用いることはない．

① 市場の要望に適合する製品を生産者が企画・設計・製造・販売する活動を［(53)］という．この対をなす言葉として［(54)］がある．

【［(53)］［(54)］の選択肢】
ア．ベンチマーク　イ．マーケットイン　ウ．マーケットリサーチ
エ．プロダクトミックス　オ．プロダクトレベル　カ．プロダクトアウト

② 設計品質のことを［(55)］ともいい，その設計品質をもとに製造した実際の品質を製造品質といい，［(56)］ともいう．

【［(55)］［(56)］の選択肢】
ア．作業品質　イ．ねらいの品質　ウ．信頼の品質　エ．サービスの品質
オ．できばえの品質

③ 買手である顧客の要求する品質は使用時の機能としての品質であり，これを［(57)］という．［(57)］を直接測定することが困難な場合，例えば，［(57)］と一定の関係（相関関係）にある別の特性を測定することがある．この特性を［(58)］という．

【［(57)］［(58)］の選択肢】
ア．計量特性　イ．代用特性　ウ．真の特性　エ．評価特性　オ．特性要因
カ．疑似特性

④ 安定した好ましいレベルの品質を作り続けるためには，条件の管理と［(59)］の管理の両方を行うことが必要である．［(59)］の管理を行うためには，その製品の品質を表す［(60)］値を測定し，その値がいつもと同じかどうかを判断することが必要である．

【［(59)］［(60)］の選択肢】
ア．特性　イ．設備　ウ．標準　エ．作業　オ．範囲
カ．結果

3　級

第 3 章

管理の方法

3.1 維持と改善，PDCA・SDCA，継続的改善，問題と課題

“管理の方法”分野内の“維持と改善”，“PDCA・SDCA”，“継続的改善”“問題と課題”分野の概要を示す．

(1) 維持と改善

維持と改善は以下の活動を示す．

維持活動：よい仕事をするために，決められた手順に従って作業することにより，目的に合致したばらつきのない製品やサービスを安定・継続して生み出していくこと

改善活動：現在の製品やサービスの品質をよりよくしたり，原価を下げたり，納期を短縮したりするために仕事のやり方を変えること

維持活動と改善活動を合わせて“管理活動”と呼ぶ．特に，“改善”については，JIS Z 8141:2001 で以下のように定義されている．

改善

小人数のグループ又は個人で，経営システム全体又はその部分を常に見直し，能力その他の諸量の向上を図る活動

改善活動は以下で示す PDCA のサイクルを回し，維持活動は SDCA のサイクルを回しながら進めていく．

(2) PDCA，SDCA

PDCA は，P（Plan：計画），D（Do：実施），C（Check：点検），A（Act：処置）であり，SDCA は，S（標準化：Standardize），D（Do：実施），C（Check：点検），A（Act：処置）である．

PDCA の以下の実施事項を順次実行していく．

P：仕事の目的や内容をよく理解して目標を立て仕事の進め方を計画する．

D：どのようにやればよいかを決め，準備を進め，みんなで実施する．

C：実施状況を把握し，適切に活動が行われているか，その結果が期待したようになっているかを確認・解析し，問題とその原因を究明する．

A：究明された原因を基に改善すべき事項を特定し，改善に取り組む．

PからAまで実行した後，また次の活動のPを行いAまで実行しプロセスのレベルアップを図っていくことを“PDCAのサイクルを回す”又は“PDCAを回す”と呼ぶ．PDCAのP（Plan：計画）の代わりにS（Standardize：標準化）としたのがSDCAであり，以下の実施事項である．

S：既に確立されている方法を標準化する．

D：標準どおり実施する．

C：実施状況を把握し，異常や問題が発生していれば，標準の不十分さ，標準を守る仕組みの弱さなどの原因を究明する．

A：究明された原因を基に改善すべき事項を特定し，標準を改訂する，又は標準を守るための仕組みに改善する．

PDCAとSDCAのサイクルを回して仕事の仕方をレベルアップさせていく図を図3.1.Aに示す．

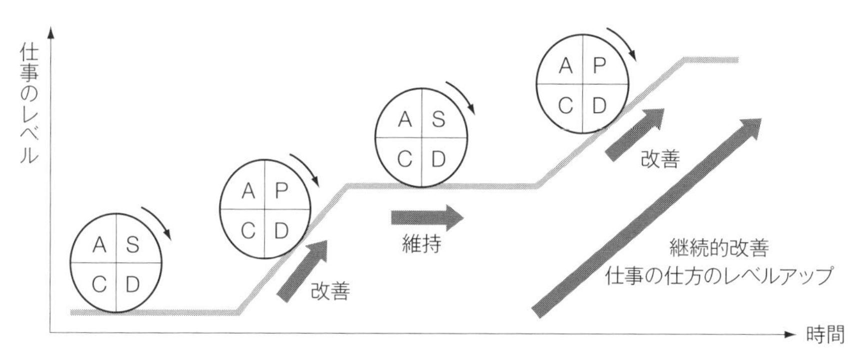

図3.1.A　PDCAとSDCAのサイクル
出所『品質管理検定（QC検定）4級の手引き』

(3) 継続的改善

組織は品質や工程，仕事などの改善活動を繰り返し持続的に行うことが大切で，このような改善活動を継続的改善と呼ぶ．JIS Q 9024:2003 や日本品質管理学会規格 JSQC-Std 31-001:2015 で定義されているが，JSQC-Std 31-001 の定義は JIS の定義を包含するため，この定義を示す．

> **継続的改善**
>
> 製品・サービス，プロセス，システムなどについて，目標を現状より高い水準に設定して，問題又は課題を特定し，問題解決又は課題達成を繰り返し行う活動

(4) 問題と課題

問題は，目標を設定し，目標達成のためのプロセスを決めて実施した結果，目標とのギャップが発生したことをいう．課題は，新たに設定しようとする目標や，将来の“ありたい姿”と現実とのギャップをいう．JIS Q 9024:2003 で以下のように定義されている．

> **問題**
>
> 設定してある目標と現実との，対策として克服する必要のあるギャップ．
>
> **課題**
>
> 設定しようとする目標と現実との，対処を必要とするギャップ．

引用・参考文献

1）JIS Z 8141:2001，生産管理用語
2）JIS Q 9024:2003，マネジメントシステムのパフォーマンス改善—継続的改善の手順及び技法の指針
3）日本品質管理学会規格 JSQC-Std 31-001:2015，小集団改善活動の指針
4）品質管理検定センター(2019)：品質管理検定（QC 検定）4 級の手引き

●出題のポイント

管理の方法は出題頻度が高い分野である．本節の対象分野においても QC ストーリーと同様に出題頻度が高く，特に用語の意味や文章中の空欄に用語をあてはめる問題が多い．特に 2 級の問題は，管理の方法の分野の中でも QC ストーリーと問題と改善など複数の分野を絡めて出題されることが多い．このため，関連する用語の意味を単独で理解するだけでなく，複数の分野の出題に対応できるように，実践場面での各用語の使われ方や定義を理解しておく必要がある．理解しておくべき用語としては，それぞれの分野名称でもある“維持と改善”，“PDCA，SDCA”，“継続的改善”，“問題と課題”や関連する用語として 5S，4M，三現主義，5 ゲン主義，標準化，QC ストーリーなどである．文章中の空欄への用語のあてはめは，空欄の前後の文脈から類推することが多いが，各用語の定義が基になっているため，用語の定義をしっかり理解しておくとよい．

問題 3.1.1

[第19回問10]

【問10】 SDCAに関する次の文章において，[　　] 内に入るもっとも適切なものを下欄のそれぞれの選択肢からひとつ選び，その記号を解答欄にマークせよ．ただし，各選択肢を複数回用いることはない．

① “S”は，[(56)] を意味する．良い仕事をするには，[(57)] を達成するための手順と急所が明確であることが重要である．“守らないとけがをするおそれがあるから絶対に守りなさい”，あるいは“[(57)] から外れた不適合を発生させてしまうので，この条件は変更してはならない”といった事項が急所といえる．

② “D”は，[(58)] を意味するが，ポイントは，“S”をしっかり守ることである．そのためには，“S”の内容を [(59)] することが大切である．けがや不適合品発生の原因調査においても [(60)] として扱われる原因の多くが，[(59)] 不足であったことを見ても，その大切さ・難しさを感じざるを得ない．多くの組織が苦心し，徹底に頭を痛めているところである．

③ “C”は，[(61)] を意味するが，これには二つの“C”がある．ひとつは，手順と急所が守られているかの“C”であり，もうひとつは，[(57)] が達成できているかの“C”である．手順と急所が守られていなければ“D”に原因があり，手順と急所が守られていても，[(57)] が達成できていなければ“S”に原因があることになる．

④ “A”は，[(62)] を意味するが，“C”で見つけた原因に対して行うことであるので，当然二つの“A”が必要になる．ひとつは教育・訓練のやり直し，もうひとつは標準の見直し・改訂である．

⑤ SDCAに関するこだわりの強い弱いが，またその行動力の高い低いが，[(63)] につながるといわれている．

【[(56)] ～ [(59)] の選択肢】

ア．実施　イ．仕事のねらい　ウ．試験　エ．安全　オ．標準
カ．納期　キ．教育・訓練

【[(60)] ～ [(63)] の選択肢】

ア．処置　イ．経済大国　ウ．現場力　エ．点検　オ．徹底
カ．標準不履行

問題 3.1.2

［第17回問15］

【問 15】 次の文章において，[　　] 内に入るもっとも適切なものを下欄の選択肢からひとつ選び，その記号を解答欄にマークせよ．ただし，各選択肢を複数回用いることはない．

① 目標と現実とのギャップが [(84)] であり，そのギャップに対して原因を特定し，対策し，確認し，所要の処置をとる活動が [(85)] である．

② このギャップを探すために着眼すべきポイントは，現在職場内で困っていることを明確にする，職場の方針や目標と現状を対比させてみる，前後工程も視野に入れてみるなどであり，このような視点から現状認識するとギャップ（解決すべきテーマ）が明確になることが多い．重要なことは，事実を客観的に公平に比較・判断することである．単なる意見や所感などの [(86)] なものでなく，できる限りデータを収集して判断するのがよい．

③ 最終的に取組みテーマを決めるときには，当該改善活動の重要性，緊急度，解決のための費用・難易度・時間など，[(87)] から検討することが重要である．

【選択肢】

ア．QC サークル　イ．手段　ウ．問題　エ．具体的
オ．問題解決　カ．主観的　キ．管理サイクル　ク．総合的視点

問題 3.1.3

[第 24 回問 12]

【問 12】 次の文章において，□内に入るもっとも適切なものを下欄のそれぞれの選択肢からひとつ選び，その記号を解答欄にマークせよ．ただし，各選択肢を複数回用いることはない．

① 日常の品質管理活動において，標準順守に重点を置いた活動を (65) という．これは，製品やサービスの提供にかかわるすべての仕事を決めたとおりに正しく行えば，現状の製品やサービスなどの品質は維持できるという考え方によっている．

② また，企業は常に企業間競争の場に置かれている．現状を維持しているだけでは，同じ値段ならより良い製品やサービスを提供する企業に負け，同じ品質ならより安い値段の企業に負けてしまう．したがって，現状の維持に重点を置いた活動だけでは不十分である．企業は，現状を少しでも良くするために，維持している状況の中から (66) を見つけ，それを解決し，期待する目標を達成するための (67) が不可欠である．

③ 安定した状態を維持する活動の基本ステップをアルファベットで示すと (68) であり，そのステップは， (69) ⇒ 実施 ⇒ 確認 ⇒ 処置のサイクルとなる．さらに，安定した状態からより高い水準を目指す活動の基本ステップをアルファベットで示すと (70) となり，そのステップは， (71) ⇒ 実施 ⇒ 確認 ⇒ 処置のサイクルとなる．継続的な改善を推進するためには，これら二つの活動が不可欠である．

【 (65) ～ (67) の選択肢】

ア．要因　イ．目標管理　ウ．改善活動　エ．標準化　オ．問題
カ．重点指向　キ．維持管理　ク．特性　ケ．方針管理

【 (68) ～ (71) の選択肢】

ア．計画　イ．目標設定　ウ．FMEA　エ．標準化　オ．要因解析
カ．SDCA　キ．PDCA　ク．是正処置　ケ．課題設定　コ．向上

3.2　QC ストーリー

(1)　QC ストーリーとは

QC ストーリーは，改善活動の成果を報告するステップとして広く使用される．QC ストーリーの流れでまとめると取り上げたテーマの重要度（テーマの選定と現状把握）から原因追究（要因解析），対策の正当性（対策検討）などが論理的一貫性をもち，関係者にわかりやすくなる．このような QC ストーリーによるまとめは，組織にとっては改善事例の蓄積につながるものである．

そこで QC ストーリーの流れに沿って問題・課題に取り組むとよい結果につながるとして，問題解決や課題達成におけるいろいろな場面で活用することが推奨されている．QC ストーリーの流れは PDCA を回す活動において，行うべき内容を具体的にし，ステップとして手順を踏んでいくことで実践できるようにするものである．

これは小集団活動だけでなく，スタッフの業務においても適用可能である．様々な業務に適用できるように，発生した問題を解決する問題解決型と，新たに取り組むべき課題を設定し，それを達成する課題達成型に分類される．

(2)　テーマの選定

QC ストーリーの手順について押さえておきたいいくつかのポイントがある．

QC ストーリーに則った改善を進めるときに，まずテーマの選定について注意しなければならない．取り組もうとする内容が具体的に職制により指示されている場合などに“○○による○○の不良低減”というように改善の手段が特定化される表現になることがある．この解決手段の選定は対策を検討するという QC ストーリーの重要な手順であり，それをテーマに掲げることは対策検討内容に制限を加えて，解決策につながる対策を十分に検討せず見落とすことにつながる可能性があるため避けるべきである．

(3)　ギャップ

テーマ選定の結果，手順の内容は問題解決型と課題達成型に分かれるが，どちらも現状をきちんと調べ直してみる事が必要である．現状とあるべき姿あるいは理想とする状態との間のギャップが問題・課題であるため，これを解消することが問題解決・課題達成の基本となる（図 3.2.A）．現状を調べ把握することにより，このギャップがきちんと捉えられ何をどこまでやればよいのか，という目標が見えてくる．この現状把握を怠ると改善成果を確認するときに，どれだけ改善できたかを把握しにくくなる点においても大事なポイントである．

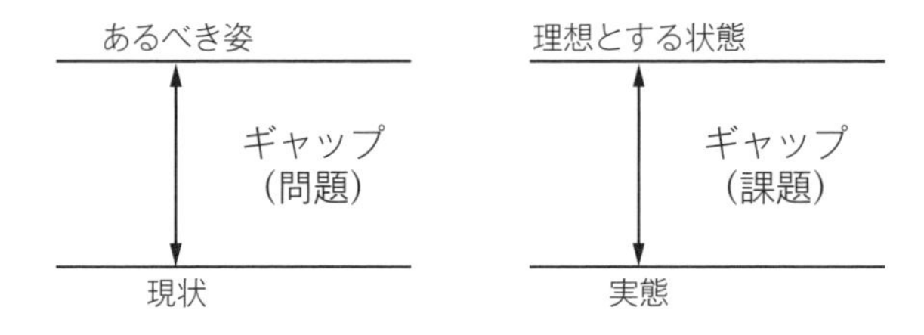

図 3.2.A　問題とは

(4)　要因解析

ギャップがきちんと捉えられると，問題解決型においてはこのギャップを生み出しているものは何かを明確にする要因解析を行う．この手順は QC ストーリーにおいて最も重要な手順と考えられているが，きちんと要因を洗い出し，その中から統計的手法を使って原因を絞り込むことにより，改善が手戻りなく進められる．要因の洗い出しが不十分でギャップの原因をきちんと追究できないままに対策を考えると，不十分な結果になったり，ギャップを再度引き起こしてしまう場合が多い．

(5)　対策検討

このように対策検討は要因解析による原因追究の手順がきちんと行われた後に取り組む内容であり，原因に対する対策でなければ改善行為が客観的な信頼を得られない内容になることに注意すべきである.

課題達成型の場合には，課題そのものが新たなことへの取組みの場合が主であるため，ギャップの要因を解析するための情報・データが少ないため，対策をアイデア発想する. ここでは多くのアイデアを出し，それをどのように組み合わせ，どのような順番・タイミングで進めると課題達成につながるか，策を絞り込み改善を成功につなげるシナリオを描くことを行う“成功シナリオの追求”が大切である.

問題解決型における要因解析後の対策立案，課題達成型における成功シナリオ追求が納得のいくものであれば，これを実施した結果の効果を確認，標準化するという手順を進めていくことになる.

(6)　反省と今後の対応

QCストーリーは仕事の進め方として捉えられ，様々な場面で活用されることが期待されるが，仕事としては結果が十分であることに加え，次に向けてどうするかという点も押さえておきたいポイントである. 実施した手順を振り返って反省してみることで，次からよりよい改善を行えるようなヒントを見いだす. あるいは目標は達成しているもののやり残したこと，同じ改善を水平展開できる可能性等を検討しておくことが次の仕事・改善につながる大切なことである.

以上の流れは，ポイント解説においても確認できる.

引用・参考文献

1)　JIS品質管理責任者セミナーテキスト品質管理第10版第7刷，p.184，図22.1，日本規格協会

ポイント解説

QC ストーリーの手順について

QC ストーリーには“問題解決型 QC ストーリー”と“課題達成型 QC ストーリー”があり，目的に応じて使い分けるとよい．それぞれの手順を**解説図**に示す．

問題解決型 QC ストーリーでは，基本的な流れは同様ながら，ケースによって“現状の把握と目標の設定”の後に“活動計画の作成”のステップを設ける形，対策の立案と実施をまとめて一つのステップとみなす場合などもある．

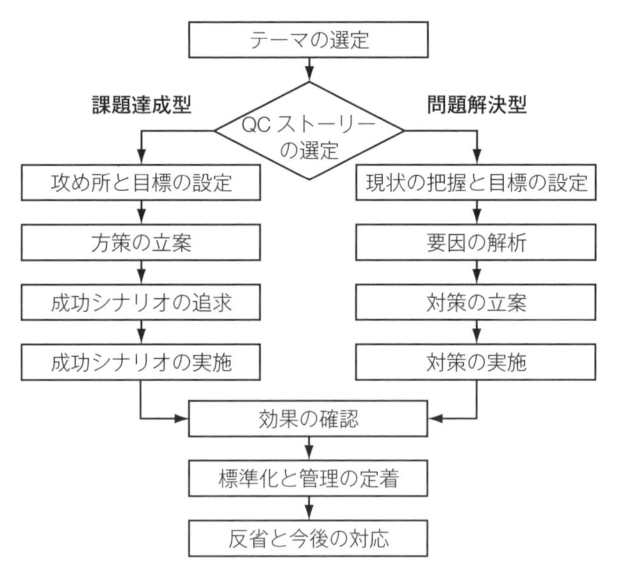

解説図　QC ストーリーの手順

出所　吉澤正編(2004)：クォリティマネジメント用語辞典，p.89，日本規格協会

●出題のポイント

傾向として，3 級では問題解決型についての設問が多い．2015 年のレベル表改訂以後，課題達成型に関する設問も出題されるようになった．

QC ストーリーに関する出題で重視されているテーマは次の 2 点である．

①　問題解決型と課題達成型それぞれにおける実施事項，手順

主に問題解決型について手順（ステップ）を重視している．型の違いは手順（ステップ）の内容の違いであり，ストーリーとしての流れを問う設問が多い．

②　各ステップにおける実施内容と使われている手法

問題解決型の各手順（ステップ）で実施する内容と使われる手法について詳細を問う設問が多い．QC 七つ道具が主として取り上げられている．

学習へのアドバイスとして，QC ストーリーの手順（ステップ）を思い浮かべながら，改善事例を読み解いてみるとよい．

まず，問題解決型と課題達成型の違いを見分ける．問題と課題の違いを把握しておくことが不可欠である．

次に，どの手順（ステップ）に該当する実施事項か，流れをつかめるようにする．“テーマ選定”から“反省と今後の対応”までのどの段階で，どのような QC 手法がよく使われているかを把握しておくことが重要である．

問題 3.2.1

［第22回問11］

【問11】 次の文章において，［　］内に入るもっとも適切なものを下欄のそれぞれの選択肢からひとつ選び，その記号を解答欄にマークせよ．ただし，各選択肢を複数回用いることはない．

① あるべき姿と現実とのギャップが［(57)］であり，これを生じさせている原因を追究し，解決するのに適したQCストーリーが［(58)］である．また，設定した目標と現実とのギャップは［(59)］であり，これを埋めるために，新たな対策を打っていく必要があるが，この解決に適したQCストーリーが［(60)］である．

【［(57)］～［(60)］の選択肢】

ア．改善推進型　イ．管理　ウ．課題　エ．問題解決型　オ．改善
カ．管理定着型　キ．問題　ク．課題達成型

② ［(60)］のQCストーリーの進め方は，下記のステップが基本となる．

ステップ	実施項目
1	テーマの選定
2	［(61)］
3	［(62)］
4	［(63)］
5	［(64)］
6	効果の確認
7	標準化と管理の定着
8	反省と今後の対応

【［(61)］～［(64)］の選択肢】

ア．特性の確認　イ．方策の立案　ウ．水準の検討
エ．シナリオ（最適策）の実施　オ．失敗事例の確認　カ．要因の解析
キ．課題の明確化と目標の設定　ク．統計手法の検討　ケ．現状把握と目標の設定
コ．シナリオ（最適策）の追究

問題 3.2.2

[第 23 回問 10]

【問 10】　問題解決に関する次の文章において，[ ] 内に入るもっとも適切なものを下欄のそれぞれの選択肢からひとつ選び，その記号を解答欄にマークせよ．ただし，各選択肢を複数回用いることはない．

職場の問題や課題を解決（または達成）するには，問題解決型と課題達成型の 2 つの方法がある．電子部品を製造している A 社では，最近残業が多くなっていたので，課の方針でもある残業ゼロを達成するために，問題解決型で改善に取り組むことにした．

手順 1　まず皆の意見を集め，その中から課の方針に沿うか否かと重要度の面から残業ゼロをテーマとして選定し，取り組むことにした．

手順 2　次に，最近の 6 か月間について残業の発生状況を調査し，[(59)] を行ったところ 7 月に残業が集中して発生していることがわかった．

手順 3　そこで残業が発生している業務内容についてパレート図を作成し，現状の残業 200 時間をゼロとする [(60)] を行った．全員で [(61)] を立て，5W1H を明確にして活動を展開することにした．

【[(59)] ～ [(61)] の選択肢】

ア．実施計画　イ．ギャップ分析　ウ．あるべき姿　エ．目標設定
オ．現状把握

手順 4　残業を発生させている業務のどこに問題があるのか，ブレーンストーミングと実績をもとにした聞き込み調査の状況を参考にして特性要因図を作成し，[(62)] を行い，対策案について検討を行った．

手順 5　対策案に基づき，期待効果の大きなものから順に [(63)] に取り組んだ．

手順 6　実施した対策内容ごとに効果を把握するとともに，対策前後のパレート図を比較して全体の [(64)] を行った．

手順 7　効果があったものは業務手順書の一部改訂と追記作成をし，業務方法を [(65)] することで管理の定着を図ることにした．

【[(62)] ～ [(65)] の選択肢】

ア．振り返り　イ．標準化　ウ．要因解析　エ．効果確認
オ．アイデア出し　カ．成功シナリオ　キ．対策実施

問題 3.2.3

［第 10 回問 16］

【問 16】 改善活動に関する次の文章において，[ ] 内に入るもっとも適切なものを下欄のそれぞれの選択肢からひとつ選び，その記号を解答欄にマークせよ．ただし，各選択肢を複数回用いることはない．

T 食品では，昨今，シャキット餅の食感が好まれ，急速に受注が伸びている．そのため，餅作り製造課では早急に生産能力を20%上げる必要性に迫られていた．そこで，製造工程を詳細に調査したところ，特に，練りの工程と調合の工程でのできばえがばらつくため，再調整が発生し，生産性を阻害していたことがわかった．その点を解決すれば，20%の生産性向上が見込まれるため，生産技術課と餅作り製造課が連携して，短期での解決を図るため，次のような手順で改善活動を行った．

短納期のため，過去の知見をもとにして考えられる方策を洗い出した．この方策で実験室にて試作を行い，製品品質や生産性，操業のしやすさなどを確認した結果，問題はなかった．そこで，実機にて試作を行ったが，"ツブツブ" が発生して不適合品が大量に発生してしまった．そのため，知見のあった製造条件を再検討し，1 か月遅れではあったが品質問題を解決した．

以上の事例をもとに，今後の改善に役立たせるために，あらためて問題解決型 QC ストーリーに基づいて見直し，改善点を明らかにした．

① テーマの選定は，市場のニーズも高く，妥当である．

② 現状の把握と目標の設定は，製造工程の精査により，問題はない．

③ 活動計画の作成については，不測事態が発生しても納期遅れが生じないように，[(72)] によって実施項目を十分に抽出した計画化と見直しを行う．

④ 今回は要因の洗い出しを行わずにいきなり対策から始めていた．そこで，今後は，予め要因を洗い出したい．特定の結果と原因系の関係を系統的に表した [(73)] や，因果関係が複雑に絡み合った問題を論理的につないで解決するときに用いる [(74)] などの手法によって原因を追究する．そして，さらに，それをデータで [(75)] して真の原因を把握する活動とする．

【 [(72)] ～ [(75)] の選択肢】

ア．検証　イ．特性要因図　ウ．PDPC 法　エ．QC 工程図　オ．予測
カ．連関図法

⑤ 対策の検討と実施については，対策案を [(76)] を用いて洗い出し，生産性だけではなく，その影響する品質や操業性，コスト，安全性への影響も確認しておく．また，今回のやり方では十分な数の実験を行わなかったため，ばらつきが大きいことを把握していなかった．ばらつきの把握を確実に行うようにする．

⑥ 効果の確認については，統計的手法などを用いて [(77)] 状況を確認する．

⑦ 標準化と管理の定着については，[(78)] 状況を確認していく．

【 [(76)] ～ [(78)] の選択肢】

ア．管理図　イ．アロー・ダイヤグラム　ウ．系統図法　エ．仮説
オ．維持　カ．改善

3 級

第 4 章

品質保証

―新製品開発―

4.1 結果の保証とプロセスによる保証，品質保証体系図，品質保証のプロセス，保証の網（QA ネットワーク）

品質保証とは，“品質要求事項が満たされるという確信を与えることに焦点を合わせた品質マネジメントの一部”（JIS Q 9000:2015）であり，この品質保証の活動は，顧客・社会のニーズ把握，製品・サービスの企画・設計・生産準備・生産・販売・サービスなどの各段階で行われている．

(1) 結果の保証とプロセスによる保証

結果の保証とは，できあがった製品・サービスが基準を満足しているか検査し，適合しない場合は取り除く，検査による保証のことである．第2次世界大戦後の日本では，この検査による保証が高度経済成長期（大量生産の時代）まで主流であったが，大量生産に加え製品・サービスも複雑化・大規模化してきたため，検査の工数や費用が膨大となり，検査の必要性はあるものの，次第に効率的で有効なプロセスによる保証へと移行していった．

プロセスによる保証とは，基準を満足する製品・サービスができるプロセスを確立し，かつ安定化させる活動のことで，“品質は工程で作りこむ”という活動といえる．ISO 9001はプロセスを顧客に見える化する方法の一つである．

また，プロセスによる保証をするには，工程解析で品質特性（結果系）と管理項目（要因系）の因果関係を調査・確認し，時系列で結果データをとり，そのデータをもとにばらつきも考慮して，管理図等で判断・管理するという工程の管理が必要である．図 4.1.A にプロセスによる保証のための工程管理の例を示す．

(2) 品質保証体系図

品質保証体系図は，企画・設計・生産準備・生産・販売・サービスなどのどの段階で，設計・生産・販売・サービスなどのどの部門が，品質保証に関するどのような業務を実施するのかを示した図である．

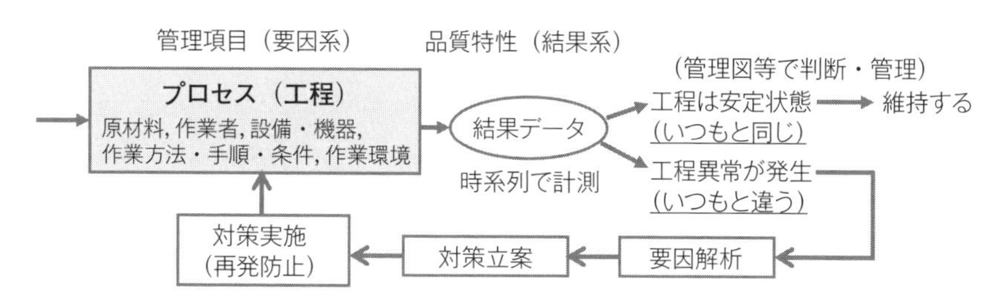

図 4.1.A　プロセスによる保証のための工程管理の例

品質保証体系図の縦方向には企画・設計から販売・サービスに至るまでの仕事の流れ（ステップ）がとられ，横方向には設計・生産・販売・サービスなどの品質保証活動を実施する部門がとられ，図中にはどの部門がどの段階でどの業務を担当するのかをフローチャートで示しており，組織全体の品質保証の仕組みが一目でわかるようになっている．また，品質保証体系図に関連する規定・標準を明確にしておくとより使いやすくなる．図 4.1.B に品質保証体系図の例を示す．

第4章

(3)　品質保証のプロセス，保証の網（QA ネットワーク）

品質保証体系を構築するには，企画・設計・生産準備・生産・販売・サービスの各段階で実施される一連のプロセスが確立されていなければならない．ここでは，これらのプロセスを五つに大別し，各プロセスでの主な活動内容を表 4.1.A に示す．

表 4.1.A の“3. 生産準備”での品質保証活動に活用されるツールとして，工程で予測される不適合に対する発生防止と流出防止の保証度を見える化する保証の網（QA ネットワーク）がある．縦方向に不適合や誤り項目をとり，横方向に一連の工程をとって，各不適合や誤り項目ごとに対応する工程での不適合の発生防止水準と流出防止水準の評価結果を記入し，現状と目標の保証度を比較して，必要に応じ改善事項も記入する．図 4.1.C に保証の網の概略図の例を示す．

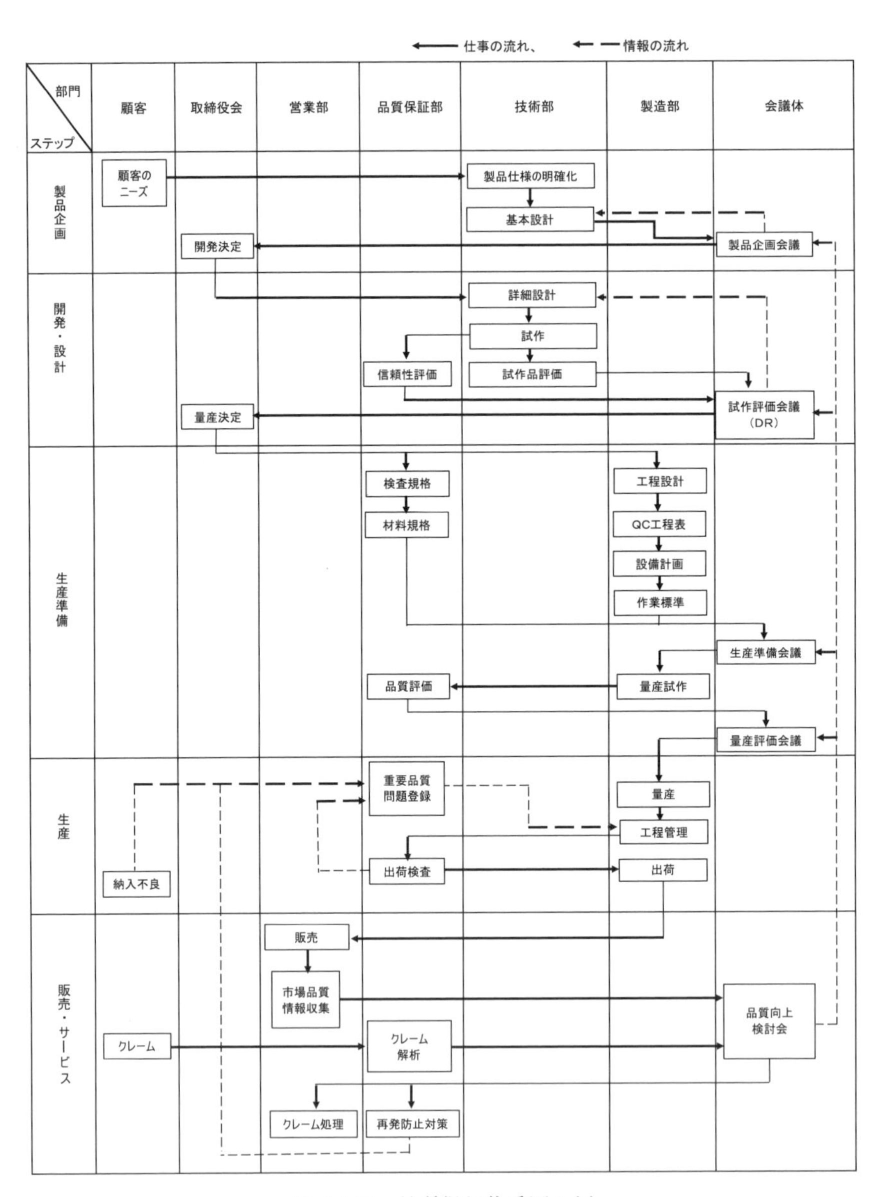

図 4.1.B　品質保証体系図の例

表 4.1.A　品質保証のプロセスと主な活動内容

品質保証のプロセス	主な活動内容
1. 製品企画	顧客のニーズや要求の把握，ベンチマーキング，製品の仕様の明確化，基本設計（概要設計），販売方法・サービス体制の明確化，原価企画など
2. 開発・設計	詳細設計，試作品製作，デザインレビュー（DR），設計・開発の変更管理，コンカレントエンジニアリング，信頼性設計など
3. 生産準備	工程設計，工程設計のレビュー，工程設計の変更管理，QC 工程表・設備仕様・作業指示書の作成，材料・部品の検査規格・検査方法の決定など
4. 生産	初期生産に関する初期流動管理，工程管理，設備保全管理，計測機器管理，製品検査，安全管理，作業環境管理など
5. 販売・サービス	物流・納入管理，ビフォアサービス（カタログ，取扱説明書等の整備など），アフターサービス（保守，点検など），顕在及び潜在クレーム・苦情の把握，回収・廃棄・リサイクルへの対応など

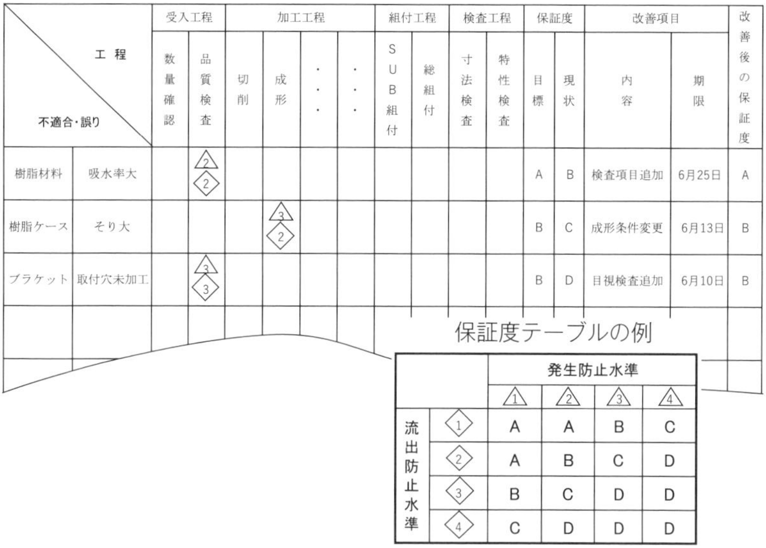

工程 ＼ 不適合・誤り		受入工程		加工工程				組付工程		検査工程		保証度		改善項目		改善後の保証度
		数量確認	品質検査	切削	成形	・・・	・・・	SUB組付	総組付	寸法検査	特性検査	目標	現状	内容	期限	
樹脂材料	吸水率大		△2 ◇2									A	B	検査項目追加	6月25日	A
樹脂ケース	そり大				△3 ◇2							B	C	成形条件変更	6月13日	B
ブラケット	取付穴未加工		△3 ◇3									B	D	目視検査追加	6月10日	B

保証度テーブルの例

		発生防止水準			
		△1	△2	△3	△4
流出防止水準	◇1	A	A	B	C
	◇2	A	B	C	D
	◇3	B	C	D	D
	◇4	C	D	D	D

図 4.1.C　保証の網の概略図の例

引用・参考文献

1）仲野彰(2016)：2015 年改定レベル表対応 品質管理検定教科書 QC 検定２級，日本規格協会
2）飯塚悦功著，棟近雅彦編(2016)：品質管理と標準化セミナーテキスト，品質マネジメント，日本規格協会

●出題のポイント

(1)　結果の保証とプロセスによる保証

“結果の保証”と“プロセスによる保証”の考え方とその違いについて理解しておくことがポイントである．また，“プロセスによる保証”については，具体的な管理方法や活用される手法についても理解しておくことが必要である．

(2)　品質保証体系図

品質保証体系図の縦方向と横方向に示されている項目について知っておくことがポイントである．また，図中のフローチャートは，どの部門がどの段階でどの業務を担当するのかを示していることも知っておくことが必要である．

(3)　品質保証のプロセス，保証の網（QA ネットワーク）

生産準備段階で活用されるツールである保証の網（QA ネットワーク）については，活用目的や表の縦方向や横方向に示されている項目について知っておくことがポイントである．

問題 4.1.1

[第23回問11 ②]

【問11】 次の文章において，[　　] 内に入るもっとも適切なものを下欄のそれぞれの選択肢からひとつ選び，その記号を解答欄にマークせよ．ただし，各選択肢を複数回用いることはない．

② 顧客が求める製品やサービスのニーズが把握され，企画され，顧客で使用されて廃棄に至るまで，どのステップで，どの部門が品質保証に関する，どのような活動を行うかを示した図が [(69)] である．この図は，[(70)] にステップ，[(71)] に部門を配置し，各ステップにおける各部門および部門間での行為について，フローチャートに示したものが一般的である．この図を作成することにより，部門間の役割が明確になり，組織的な活動を効率よく推進することができるなどの利点がある．

【[(69)] ～ [(71)] の選択肢】

ア．品質機能展開図　イ．横方向　ウ．中心　エ．前後方向
オ．QA ネットワーク　カ．縦横　キ．品質保証体系図　ク．縦方向
ケ．FT 図

4.2　品質機能展開（QFD）

(1)　QFDとは

品質機能展開（QFD：Quality Function Deployment）とは，顧客の声（VOC：Voice Of Customer）から要求品質を引き出し，これを製品の品質特性や機能・機構・構成部品・生産工程等の各要素に至るまで展開し実現する一連の方法である．

品質機能展開は，JIS Q 9025:2003で以下のように定義されており，“品質展開”，“技術展開”，“コスト展開”，“信頼性展開”及び“業務機能展開”で構成される．

品質機能展開
製品に対する品質目標を実現するために，様々な変換及び展開を用いる方法論

ここで，変換とは“要素を，次元の異なる要素に，対応関係をつけて置き換える操作”（JIS Q 9025:2003）であり，展開とは“要素を，順次変換の繰り返しによって，必要とする特性を定める操作”（JIS Q 9025:2003）である．

品質機能展開の全体構成を図4.2.Aに示す．図4.2.Aに示すように，品質機能展開は実施する目的に応じて，必要な二元表を作成する．

二元表の一例として，顧客の声である要求品質を技術の言葉である品質特性に変換又は翻訳を行う品質表を図4.2.Bに示す．

品質表は，JIS Q 9025:2003で下記のように定義されている．

品質表
要求品質展開表と品質特性展開表とによる二元表

これに企画品質設定表，設計品質設定表，品質特性関連表を加えて品質表と

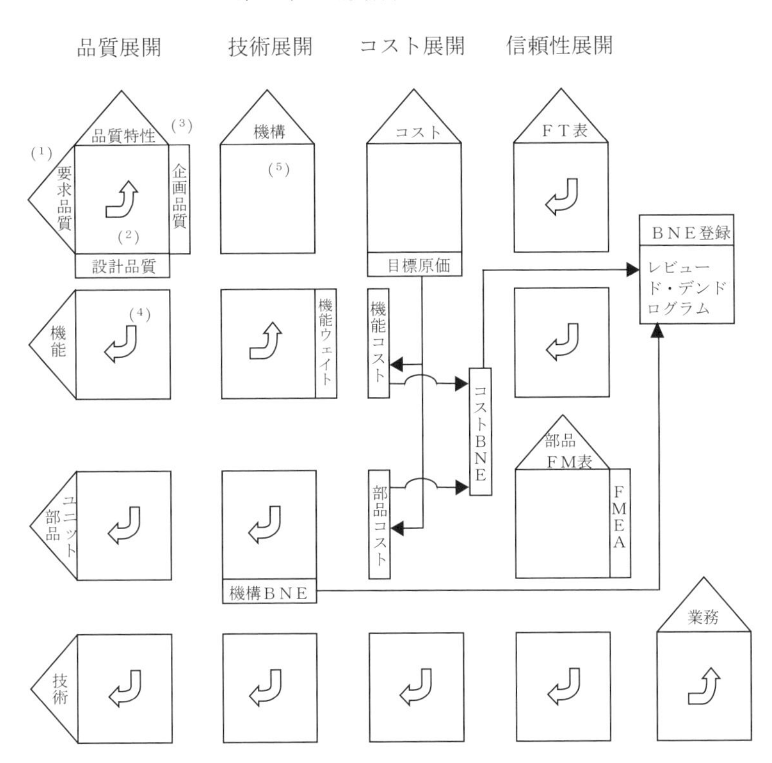

注(1) 三角形は項目が展開されており，系統図のように階層化されていることを示している。
(2) 矢印は変換の方向を示し，要求品質が品質特性へと変換されていることを示している。
(3) 四角形は二元表の周辺に附属する表で，企画品質設定表や各種のウェイト表などを示している。
(4) この二元表の表側は機能展開表であるが，表頭は品質特性展開表であることを示している。
(5) この二元表の表頭は機構展開表であるが，表側は要求品質展開表であることを示している。

図 4.2.A　品質機能展開の全体構成
出所　JIS Q 9025:2003

呼ぶことがある．ここで，展開表とは“要素を階層的に分析した結果を，系統的に表示した表”（JIS Q 9025:2003）である．

表 4.2.A に品質表の例を示す．表の縦方向と横方向の項目に関連性がある場合，それらが記載されている行と列が交差する部分に△，○，◎のような関連の程度を考慮した記号を付けることが多い．この例では，“◎”は“○”よりも関連が強いことを意味している．

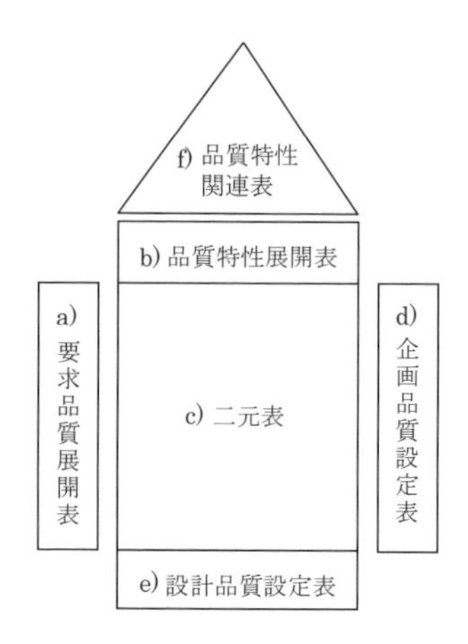

図 4.2.B　品質表の構成

出所　JIS Q 9025:2003

表 4.2.A　ノートパソコンの品質表の例

品質特性展開表 1次		本体寸法				処理機能				通信機能			入出力機能			質量	
品質特性展開表 2次		外形寸法	本体厚さ	画面サイズ	操作部寸法	メモリ容量	CPU速度	電源管理レベル	バッテリー容量	有線LAN	無線LAN	ブルートゥース	USB	光学ドライブ	タッチパッド	本体質量	付属品質量
要求品質展開表 1次	2次																
使いやすい	コードレス										◎		○		◎		
	片手で操作できる				◎										○		
	画面が見やすい	○		◎	○	○											
持ち運びが楽	重くない	○	○						◎							◎	◎
	手ごろな大きさ	◎															○
	付属品が少ない	○									○						◎
高性能である	処理速度が速い					◎	◎										
	通信接続が簡単										○	○	○				
	文字・画像が鮮明			◎		○											
多機能である	入力方法が多彩									○	○	○	○	○	○		○
	通信機能が多彩									○	○	○	◎				
長時間使える	電池が長持ち								◎								
	省エネタイプ			○			○	◎									

引用・参考文献

1）大藤正（2016）：品質管理と標準化セミナーテキスト，顧客価値創造技術とQFD，日本規格協会

●出題のポイント

品質機能展開の定義や基本的な考え方だけでなく，品質特性展開表，要求品質展開表，二元表，品質表など品質機能展開にかかわる用語を理解しておくことがポイントである．

また，品質機能展開は，実施する目的に応じて様々な二元表を用いるが，最近よく出題されるのは品質表である．品質表は，顧客の声である要求品質を系統的に表示した要求品質展開表と技術の言葉である品質特性を系統的に表示した品質特性展開表をマトリックスとして結合した二元表で，要求品質を品質特性に変換又は翻訳を行う手法であることも理解しておきたい．

問題 4.2.1

［第 21 回問 14］

【問 14】　次の文章において，[　　] 内に入るもっとも適切なものを下欄のそれぞれの選択肢からひとつ選び，その記号を解答欄にマークせよ．ただし，各選択肢を複数回用いることはない．

① 新製品開発では，市場のニーズを知ることが重要であり，この情報収集のために [(78)] などが行われる．これらの方法で得られた顧客の要求品質（ニーズ）は，[(79)] に変換し，製品の設計品質を定め，個々の部品，さらに工程の要素に展開する．このプロセスでは [(80)] などの手法が用いられる．

② 開発段階では，致命的故障など好ましくない事象について，発生経路や発生原因などについて探求する目的で [(81)] を行う．そして構成部品が故障した際，システムにどのような影響を及ぼすかについて調べるために [(82)] が行われる．

③ 設計段階では，要求品質が満たされているかについて，節目ごとに評価する [(83)] が行われる．この節目ごとの評価は，不完全な設計が後工程に流れなくするための歯止めにもなっている．

④ このような一連の活動は [(84)] として重要であり，製品の欠陥が原因で生じた人や物の損害に対して製造者が負うべき [(85)] 問題の防止にも大きな効果が期待できる．

【[(78)] ～ [(80)] の選択肢】

ア．PDPC 法　　イ．言語データ　　ウ．品質機能展開　　エ．製品企画
オ．業務監査　　カ．市場調査　　キ．製造プロセス　　ク．信頼性展開
ケ．生産技術　　コ．品質特性

【[(81)] ～ [(85)] の選択肢】

ア．受益者　　イ．源流管理　　ウ．信頼性試験　　エ．再発防止
オ．設計審査（DR）　　カ．工場管理　　キ．製造物責任（PL）　　ク．標準化
ケ．故障モードと影響解析（FMEA）　　コ．故障の木解析（FTA）

4.3　DR とトラブル予測，FMEA，FTA

(1)　DR とトラブル予測

トラブル予測とは，実際に問題が起こる前に，問題を予測し予防することであり，未然防止の活動といえる．このトラブル予測の実践手段の一つとして，デザインレビュー（Design Review：DR）があり，支援する手法として，FMEA（Failure Mode and Effects Analysis：故障モードと影響解析）やFTA（Fault Tree Analysis：故障の木解析）などがある．

デザインレビューとは，JIS Z 8115:2019 で下記のように定義されている．

> **デザインレビュー**
>
> 当該アイテムのライフサイクル全体にわたる既存又は新規に要求される設計活動に対する，文書化された計画的な審査

具体的には，設計・開発の適切な段階で，製品・サービスが顧客の要求品質を満たすかどうかを評価するために，必要な力量をもった各部門の代表者が集まって，そのアウトプットを評価し，改善点を提案する組織的活動である．表4.3.A にデザインレビューの実施要領の概要例を示す．

表 4.3.A　デザインレビュー実施要領の概要（例）

実施時期	基本設計，詳細設計，試作品評価が完了した時点など，ある区切りがついた時点
参加者	開発・設計に関係がある部門の代表者（力量の明確化要）
審査内容	構想設計 DR：企画との整合性，技術的な実現可能性，予測される不具合への対応内容など 詳細設計 DR：機能，生産性，安全性，信頼性，コストなどの妥当性，開発計画の進捗状況など ⇒検出された問題については，改善点を提案する

(2) FMEA

JIS Z 8115:2019 では，FMEA は下記のように定義されている．

> **FMEA**
>
> 下位アイテムに生じ得る故障モード及びフォールト（故障状態）の調査，並びに様々な分割単位に及ぼすそれらの影響を含む定性的な解析方法

具体的には，システムの部品又は工程の故障モードや不良モードを予測して，その影響の大きさ，発生頻度，検出難易度などの評価項目から重要度を決め，重要度の高いものについて対策を実施する手法である．図 4.3.A に設計の FMEA の例を示す．

<table>
<tr><th rowspan="2">部品名</th><th rowspan="2">機能</th><th rowspan="2">故障モード</th><th rowspan="2">上位システムへの影響</th><th colspan="4">評価点</th><th rowspan="2">故障の原因</th><th rowspan="2">是正処置</th><th rowspan="2">期日</th><th rowspan="2">担当部署</th></tr>
<tr><th>発生頻度</th><th>影響度</th><th>検知難易</th><th>重要度</th></tr>
<tr><td rowspan="4">ヘッドランプ</td><td rowspan="4">視認性確保</td><td rowspan="2">フィラメント切れ</td><td rowspan="4">点灯せず</td><td>3</td><td>4</td><td>4</td><td>48</td><td>発熱劣化</td><td>材質変更</td><td rowspan="2">9/ 末</td><td rowspan="2">設計1課</td></tr>
<tr><td>3</td><td>4</td><td>5</td><td>60</td><td>車両振動と共振</td><td>フィラメント持部変更</td></tr>
<tr><td rowspan="2">ソケット破損</td><td>1</td><td>4</td><td>4</td><td>16</td><td>錆による強度低下</td><td>—</td><td>—</td><td>—</td></tr>
<tr><td>2</td><td>4</td><td>3</td><td>24</td><td>ランプ接合部亀裂</td><td>—</td><td>—</td><td>—</td></tr>
</table>

図 4.3.A 設計の FMEA の例

(3) FTA

JIS Z 8115:2019 では，FTA は下記のように定義されている．

> **FTA**
>
> 故障の木を用いた演えき的解析手法
>
> **故障の木**
>
> あらかじめ定義した望ましくない事象を引き起こす，下位アイテムのフォールト（故障状態），外部事象，又はこれらの組合せを表す論理図

具体的には，その発生がシステムにとって好ましくない事象をトップ事象に取り上げ，論理ゲートを用いながら，その発生経路を順次下位レベルへと展開する．これ以上下位に展開できない，又はする必要がない事象まで展開したら，各事象の発生確率や影響の大きさを考慮して，対策しなければならない発生経路や事象を検討し，対策を実施する手法である．図 4.3.B に FTA の例を示す．

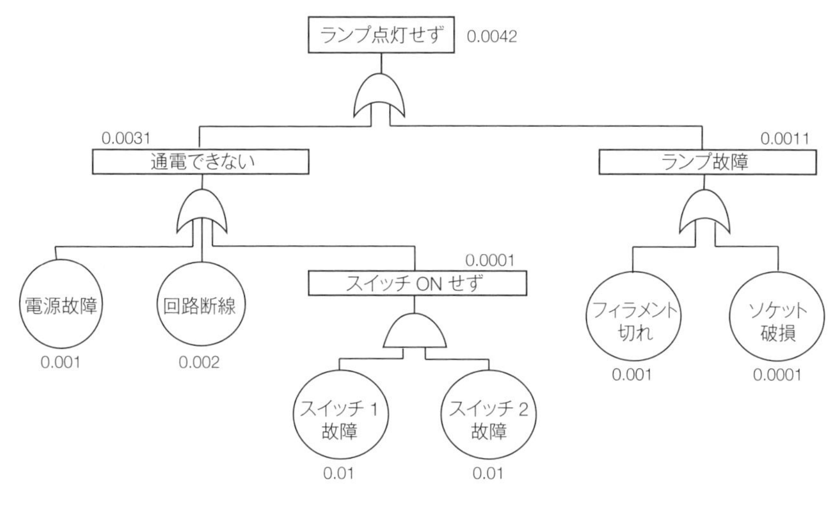

図 4.3.B　FTA の例

引用・参考文献

1)　田中健次(2016)：品質管理と標準化セミナーテキスト，信頼性工学，日本規格協会
2)　JIS Z 8115:2019，ディペンダビリティ（総合信頼性）用語

●出題のポイント

(1)　DR とトラブル予測

DR は，設計・開発の目標を達成しているかどうかを確認・評価し，問題がある場合は，対策を検討し改善点を提案する組織的な活動であるので，トラブルを事前に予測し未然防止する活動であることも理解しておくことがポイント

である．

(2)　FMEA

FMEAは，システムやプロセスの構成要素に起こり得る故障モードを予測し，その原因やシステムやプロセスへの影響を解析・評価して対策につなげる，下位から上位に向かって解析する手法であるところがポイントである．

(3)　FTA

FTAは，システムやプロセスで発生が好ましくない事象をトップに置き，その原因をandやorなどの論理記号を使って順次下位レベルに展開する手法である．よってFMEAとは逆方向に，上位から下位に向かって解析を進めていく手法であることを理解しておくことがポイントである．

問題 4.3.1

[第 25 回問 14]

【問 14】 次の文章において，[ ] 内に入るもっとも適切なものを下欄の選択肢からひとつ選び，その記号を解答欄にマークせよ．ただし，各選択肢を複数回用いることはない．

J 社は，品質保証に必要なさまざまな手法を適用して製品・サービスを設計・開発し，顧客へ提供している．ある製品・サービスの需要が見込まれるため，設計・開発にかかわる人員を増強することになり，次の事項の意味を確実に浸透するための啓発活動を行うことにした．

① 製品・サービスを設計・開発する段階で，顧客に提供した後の不具合などを予測して事前に処置するための解析手法として [(76)] を活用している． [(76)] は，システムやプロセスの構成要素に起こりうる故障モードを，設計・開発の段階で予測し，その原因や影響を解析して評価し，対策を実施することによって，トラブルを未然に防止するボトムアップ的な手法である．

② ISO 9001 に基づく品質マネジメントシステムの実施の一環として，製品・サービスが顧客の要求事項を満たすかどうかを評価するために， [(77)] を行っている． [(77)] は，設計・開発の適切な段階で，必要な知見をもった人が集まって，そのアウトプットを評価し，改善すべき点などを提案するとともに，次の段階へ移行してよいかどうかを確認して決定するための組織的な活動である．

③ 品質保証のプロセスにおいて，製造上の品質保証項目や不具合・不適合項目とその製造工程との関連を [(78)] によって一覧化している． [(78)] は，具体的には，製造上の品質保証項目（または，発見すべき不具合・不適合項目）を縦軸にとった場合，仕入れ先から納入先までのすべての工程を横軸にとったマトリックスを作り，表中の対応するセルに発生防止ランクと流出防止ランクを書き，品質保証項目や不具合・不適合項目に対する保証レベルの目標と現状，改善項目，改善後の保証レベルなどを一覧表にして表している．

④ システムやプロセスにおいて発生が好ましくない信頼性や安全性にかかわる事象を取り上げ，その発生要因となる個々の事象を樹形図形式で関連づけて展開して解析するために， [(79)] を活用している． [(79)] は，発生が好ましくない事象をトップ事象（頂上事象）におき，その因果関係を AND ゲートや OR ゲートなどの記号を用いて樹形図で図示した後，対策を打つべき発生経路，発生要因，発生確率などをトップダウン的に解析する手法である．

⑤ 顧客や社会のニーズ・期待を細かく分解して階層的に整理するとともに，それを実現する手段へ変換し，製品・サービスに要求される特性・仕様などを明確化することをねらって [(80)] を活用している． [(80)] は，製品・サービスに対する顧客や社会のニーズ・期待を実現するために，要求品質，品質特性などをそれぞれ系統的に展開し，それらを二元表により相互に関連づけることによって必要とする特性・仕様・管理基準を定めるためのツールの集合体である．

【選択肢】

ア．デザインレビュー（DR）	イ．QA 表
ウ．品質機能展開（QFD）	エ．内部監査
オ．保証の網（QA ネットワーク）	カ．FTA
キ．品質保証体系図（QA 体系図）	ク．FMEA

4.4　製品ライフサイクル全体での品質保証，製品安全，環境配慮，製造物責任

本項では，製品のライフサイクル全体に関与する品質保証として，製造物責任から解説し，製品安全，環境配慮について述べる．ここでは“製造物”を製造又は加工された動産と定義する[1)]．平易に言えば，工業製品（完成品）やその部品と解釈してよい．

(1)　製造物責任

“製造物責任”（Product Liability，PLと略記）とは，ある製品の欠陥が原因で生じた人的・物的損害に対して製造業者らが負うべき賠償責任のことである[2)]．ここで，“欠陥”とは，“製造上”，“設計上”，“表示・警告上”の三つの場合を指す．前述の製造物の定義から，サービス，不動産は製造物責任の対象には含まないが，ソフトウェアについては対象になる場合がある．

従来から民法では，製品のトラブルについて損害賠償責任を追及する場合には，使用者側が製造物の欠陥と製造者の過失を説明・立証しなければいけないとされてきた（過失責任という）．しかし，使用者側にとって，これは困難である場合が多いことから，製造業者の無過失責任を定めた“製造物責任法”（通称PL法）が1994年に公布され，翌1995年から施行されている．“無過失責任”とは，製品に欠陥があることが立証されれば，それによって生じた損害に対して，その製造業者には賠償責任があるという考え方である．2019年PL法に基づいて，大手電機メーカーのパソコンバッテリーパックの発火から，使用者が火傷を負い提訴した事件に対して，損害賠償命令の判決が出たことは記憶に新しい．

(2)　製品安全

“製品安全”（Product Safety，PSと略記）とは，製造物責任予防の観点からの予防安全対策である[3)]．ここで，“製造物責任予防”（Product Liability

Prevention，PLP と略記）とは，製造物責任問題発生の予防に向けた企業活動の総称である[4]．

製造物責任予防（PLP）には，大別して，“製品安全”（PS）と“製造物責任防御”（Product Liability Defense，PLD と略記）がある．PS とは，使用者に安全な製品を提供するための諸活動で，設計段階における安全性設計などがある．一方，PLD とは，いったん発生した製品事故による損失を最小限に抑えるための，企業の事前・事後の諸活動をいう[5]．損害賠償請求に備える諸活動で，訴訟を起こされた場合の対応方法検討や記録文書の管理，保険への加入などがある．

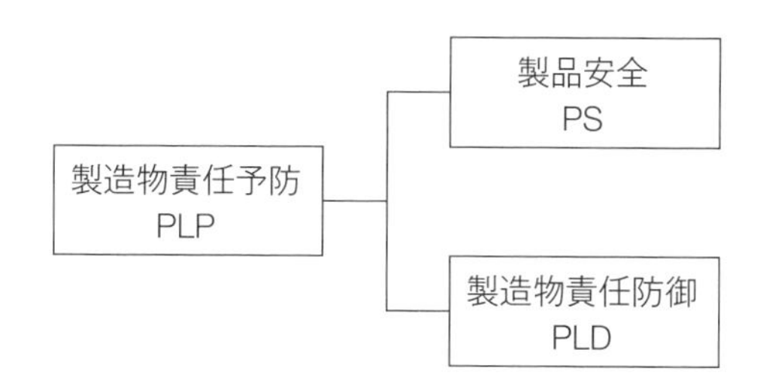

図 4.4.A　製造物責任予防（PLP）の内訳

なお，図 4.4.A については，単純に，予防策として PLP，防御策として PLD と二分する考え方もある．

(3)　環境配慮

地球環境問題が日常の話題となってから既に久しい．有限な資源から工業製品が作られていることは言うまでもなく，製品のライフサイクルを見通した環境負荷の低減のために，多くの活動が行われている．このような活動全体を“環境配慮”といい，製品のライフサイクル全体の品質保証の観点からも重要な課題である．

具体的には，ライフサイクルアセスメント（Life Cycle Assessment，LCA と略記）と呼ばれる評価手法がある．製品のライフサイクル全体すなわち製品設計，製造，使用，廃棄又は再利用に至る全てのプロセスにおいて，環境への影響・負荷を定量的に把握する手法である．LCAにはいくつかのステップがあるが，最終的には単一の指標，例えばCO_2排出量に統一して比較や評価をする．

身近な取組みには，3Rと呼ばれるReduce（使用資源の低減），Reuse（再使用），Recycle（再利用）活動がある．そのために設計段階では環境配慮設計（環境対応設計）という考え方がある．省エネルギー化，省資源化，再資源化などである．これらは，製品のライフサイクル全体のコストダウンにも大きく寄与しているので，十分考慮しなければならない．

引用・参考文献

1) 製造物責任法(平成六年七月一日法律第八十五号)
2) 吉澤正編(2004)：クォリティマネジメント用語辞典，p.424–425，日本規格協会
3) 吉澤正編(2004)：クォリティマネジメント用語辞典，p.422–423，日本規格協会
4) 吉澤正編(2004)：クォリティマネジメント用語辞典，p.299，日本規格協会
5) 吉澤正編(2004)：クォリティマネジメント用語辞典，p 298–299，日本規格協会
6) 日本品質管理学会編(2009)：新版品質保証ガイドブック，第Ⅲ部品質保証のための要素技術，第19章製品安全と製造物責任，p.527–542，日科技連出版社

●出題のポイント

製造物責任，製品安全や環境配慮については，考え方，用語の定義や法律（製造物責任法）の概要を問う問題が主流であるが，単独で1問を形成してはいない．すなわち，新製品開発や製品ライフサイクル全体での品質保証を問う問題の一つとして小問があるというスタイルである．

また，2017年から出題が始まったという新しい分野である．過去3回ほど出題されている．第24回問13（環境配慮），第27回問16（環境配慮），第28回問13（製造物責任）である．

この分野の問題は頻出していないが，昨今の社会情勢も反映し

て，今後出題が増えそうである.

　また，この分野では英略語が多く，例えば，PLP，PS や 3R など，問題文や選択肢に略語が多いので，注意しておこう.

問題 4.4.1

[第28回問13 ④]

【問13】 新製品開発に関する次の文章において，［　　］内に入るもっとも適切なものを下欄のそれぞれの選択肢からひとつ選び，その記号を解答欄にマークせよ．ただし，各選択肢を複数回用いることはない．

④ 製品の信頼性を損ねることで使用者の安全に影響が生じると，PL（Product Liability）法で裁かれる恐れもある．PL法とは，［(72)］によって生命，身体または財産に損害を被ったことを証明した場合に，被害者は製造会社などに対して［(73)］を求めることができる法律である．企業側の対応方法として，製品安全に留意した設計とすることはもちろん重要であるが，その重要性を社内に浸透させるための教育制度の構築，顧客からの通報を迅速に適切な部署につなぐ仕組みづくり，被害を拡大させないためのリコールシステム，訴訟となった場合に［(73)］を補填する保険への加入などが考えられる．

【［(71)］～［(73)］の選択肢】

ア．不慮の事故　イ．ヒューマンエラー　ウ．情報　エ．製品の欠陥
オ．損害賠償　カ．フローチャート　キ．調査　ク．論理記号

問題 4.4.2

[第24回問13 ②]

【問13】 次の文章において，［　　］内に入るもっとも適切なものを下欄のそれぞれの選択肢からひとつ選び，その記号を解答欄にマークせよ．ただし，各選択肢を複数回用いることはない．

② 生産の過程で発生する工場廃棄物や振動・騒音，使用後に発生するゴミの公害など，製品の製造，使用，廃棄あるいは再使用まで，すべての段階で環境に対してどのような影響（負荷）を与えたかについても，近年では品質の問題として取り上げられるようになってきている．製品の材料採取から廃棄に至る全プロセスで発生する負荷を［(75)］に把握し，その影響について評価するのが［(76)］アセスメントである．

【［(75)］［(76)］の選択肢】

ア．実用的　イ．結果　ウ．ライフサイクル　エ．定性的　オ．検定的
カ．定量的　キ．リスク

問題 4.4.3

[第 27 回問 16 ③]

【問 16】　新製品開発に関する次の文章において，[　　] 内に入るもっとも適切なものを下欄の選択肢からひとつ選び，その記号を解答欄にマークせよ．ただし，各選択肢を複数回用いることはない．

③　新製品の設計では [(91)] の低減を考える必要もある．[(91)] には，製品コストのほかに，運用に関わるコスト，廃棄コストが含まれる．

【選択肢】

ア．FMEA（Failure Mode and Effects Analysis）　イ．特性要因図
ウ．不具合　エ．ライフサイクルコスト
オ．QC ストーリー　カ．QC 工程図
キ．デザインレビュー

4.5　保証と補償，市場トラブル対応，苦情とその処理

(1)　保証と補償

品質管理において“保証”とは，その製品やサービスの品質は問題ないことを請け負うことであり，保証書，保証期間，工程保証などに用いられる（表4.5.A参照）．

一方“補償”とは，品質の悪さにより損害が発生したときは補い償うことであり，また“保障”とは，今後損害が発生しても保護するという意味である．

品質管理活動の場合，はじめから品質の悪さを想定した考えではないことから“品質保証”の考えに基づいている．

表4.5.A　“保証”，“補償”，“保障”の違い

	保　証	補　償	保　障
意味	責任もって良品を請け負うこと	損失・損害を補い償うこと	損害のないように保護すること
キーワード	責任	補塡	保護
英訳	Assurance など	Compensation など	Guarantee など
使用例	品質保証 保証期間など	損害補償 休業補償など	社会保障 安全保障など

品質管理活動の目的が，お客様への品質保証であり，品質保証とは，製品やサービスが，決められた品質であるかどうかを確認することである．

したがって言い換えれば，品質保証とは企画・設計からアフターサービスに至るまで，広い範囲で顧客に製品・サービスの品質を保証する活動であり，品質保証の業務の一つとして，不適合品が自工程から流出してしまったときは，後工程である顧客に対しクレーム対応をしなければならない．

(2)　市場トラブル，苦情処理

JIS Q 9000:2015では，苦情とは“製品若しくはサービス又は苦情対応プロセスに関して，組織に対する不満足度の表現であって，その対応又は解決を，

明示的又は暗示的に期待しているもの”と定義されている．

図4.5.Aにクレーム処理の流れの例を示す．まず，クレームが発生したときは，素早い初期対応が必要である．次に現地現物により真因を追究し，再発防止の対策を施す．さらには，クレームが発生した要因を振り返り，仕事の何が悪かったのかを標準・しくみ・ルールの視点で見直しを行う．

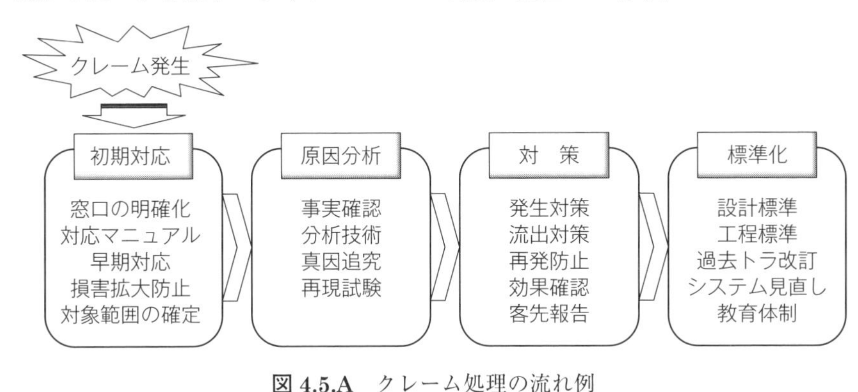

図4.5.A　クレーム処理の流れ例

社内トラブルによる損失に比べ，市場でトラブルが発生すると，損失費用が膨大となり，場合によっては会社経営にも影響を与えかねない．

万が一トラブルが発生したときは，次の三つの着眼で損失を最小限にとどめる必要がある．

① 影響を及ぼす程度が重大化しないようにする（重要度）
② 時間の経過とともに損失が広がらないようにする（拡大度）
③ 素早く処置することにより損失が大きくならないようにする（緊急度）

●出題のポイント

不適合を後工程に流出してしまったことによる苦情に対し，どのように対策していくかを実例的に理解しておくことがポイントである．

出題の傾向としては，製品の不適合調査の手順について出題されている．まずは，不適合の初期対応ののち，三現主義に基づいて発生要因調査を行う．このとき，対象となる工程のばらつきをヒストグラムや工程能力で確認する手段や，発生状況の傾向をどのように読み取るかなど，より実践的な調査手順を理解する必要がある．対策後は，再発させないための歯止めをどのように標準化するかも問われている．

また，お客様からの苦情についての対応方法についても出題されており，この場合，顧客への対応方法が標準として明確になっており，製品に問題が認められた場合は，その対象となる原材料までさかのぼって履歴が調査できるかどうかのトレーサビリティに関する知識も必要である．

問題 4.5.1

［第24回問14］

【問14】　次の文章において，［　　］内に入るもっとも適切なものを下欄のそれぞれの選択肢からひとつ選び，その記号を解答欄にマークせよ．ただし，各選択肢を複数回用いることはない．

J社の製造部門に所属する加工工程の担当者は，後工程からの苦情に対する対応について上位の管理者へ報告し，次の意見交換を行った．

担当者：後工程の組立工程から，「昨日の早番作業以降，組立でA部品を挿入する際，硬くて作業性が悪いものがある．加工担当として現状を調べて対処してほしい．」との連絡が今朝ありました．早速，自職場内と組立工程脇の仕掛品や在庫品をサンプリングし，外径を測定したデータを［(77)］で解析したところ，分布の形は二山型で，分布のすそ野が規格の上限からはみ出ていることがわかりました．

管理者：そうか．不適合品が発生している事実が確認できたということだな．確か，問題の工程ではA部品を2台の機械で加工していたはずだが，この採取したデータを機械ごとに［(78)］し，状況を確認してみる必要があるな．

担当者：はい，そのように思い，1号機と2号機について別々に同じ解析をしました．その結果，両機とも分布の形は一般型で特に問題ないと考えます．工程能力については，1号機のC_pは1.37で，C_{pk}が［(79)］でした．また，2号機のC_pは1.15で，C_{pk}が［(80)］でした．この結果から，今回の不適合は1号機に起因したもので，2号機は十分ではないが今のところ問題ないと考えています．

管理者：そうだな．早急に行う今回の対策は，1号機は精度には問題がないが，［(81)］に問題があるため，規格の中央に分布の［(82)］がくるように1号機の作動条件を修正する．2号機については，工程能力はあるが十分とはいえない状態なので，早急でなくてもよいが，C_pを当社や他組織でも一般的に採用している1.33になるよう，［(83)］を小さくするための改善をしていくことが必要だな．ところで，2日前から問題が発生しているようだが，問題の原因はわかったのか？

担当者：今回の発生原因ですが，記録を調べた結果，3日前の遅番作業時に機械が故障して修理を行っていますので，再運転開始時の品質確認が不十分だったのではないかと考えています．

管理者：治工具，設備などの修理，改良を行った場合は精度，作動条件などが変わっていないかという観点から，再度［(84)］管理を確実に行おう．

【［(77)］～［(80)］の選択肢】

ア．確認　イ．ヒストグラム　ウ．0.85　エ．1.09　オ．1.16
カ．1.39　キ．アローダイアグラム　ク．散布図　ケ．層別

【［(81)］～［(84)］の選択肢】

ア．方針　イ．中心　ウ．計測　エ．かたより　オ．変化点
カ．目標　キ．ばらつき　ク．右端　ケ．適合性　コ．ねらいの品質

第4章

3 級

第5章

品質保証
—プロセス保証—

5.1 プロセス(工程)の考え方，QC工程図，フローチャート，作業標準書

品質保証とは，“品質要求事項が満たされるという確信を与えることに焦点を合わせた品質マネジメントの一部”（JIS Q 9000:2015）であり，この品質保証活動は，顧客・社会のニーズ把握，製品及びサービスの企画・設計・生産準備・生産・販売・サービスなどの各段階で行われている．この活動を品質マネジメントシステムとして運営管理するためには，品質保証の各段階で必要な機能を有する各プロセス（例えば，企画プロセス，開発・設計プロセス，製造プロセス，販売・サービスプロセスなど）が，システム（JIS Q 9000:2015では“相互に関連する又は相互に作用する要素の集まり”と定義）化されている必要があり，その中で各プロセスはそれぞれで必要な品質保証（プロセス保証）活動を実施する．

(1) プロセス（工程）の考え方

プロセス（工程）とは，JIS Z 8101-2:2015で以下のように定義されている．

> **プロセス（工程）**
> インプットをアウトプットに変換する，相互に関係のある又は相互に作用する一連の活動

プロセスは，相互に関係する単位作業［“一つの作業目的を遂行する最小の作業区分”（JIS Z 8141:2001）］の集まりで，一つの仕事として確立されると，例えば，製造プロセス，検査・試験プロセスなどのプロセスとして定義できる．

プロセスの概要を図5.1.Aに示す．

工程管理（プロセス管理）とは，“プロセスへの要求項目を満たすことに焦点を当てたプロセスマネジメント”（JIS Z 8101-2:2015）である．

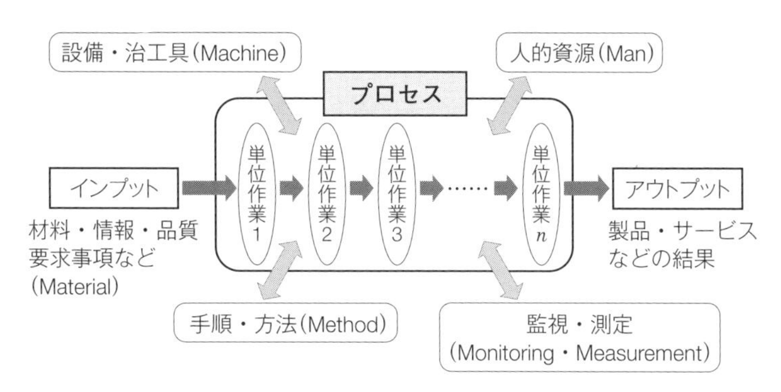

図 5.1.A　プロセスの概要

具体的には，プロセスへの要求項目を満たすために“工程の出力である製品又はサービスの特性のばらつきを低減し，維持する活動．その活動過程で，工程の改善，標準化，及び技術蓄積を進めていく”（旧 JIS Z 8101-2:1999, 2015 年廃止）ことである．

このように工程管理では，品質を工程で作り込むという考えに基づき，プロセス（工程）を適切に管理していく必要があり，計画・実行する手段として，QC 工程図や作業標準書などがある．

(2)　QC 工程図，フローチャート

QC 工程図は，材料・部品の受入から完成品出荷までの工程全体，あるいは重要な一部工程をフローチャートで示しながら，工程ごとに管理すべき品質特性とその管理方法を明らかにした図表である．なお，QC 工程図は，QC 工程表や工程管理表などとも呼ばれている．

QC 工程図に記載する項目は，対象工程名，使用する設備・機械・治具等，管理項目と管理水準（目標値，限界値）及び確認方法，管理項目に対応した品質特性と規格値及び検査方法，担当者，異常処置，記録帳票などである．

QC 工程図の例を図 5.1.B に示す．

工程図	工程名	管理項目（点検項目）	管理水準	管理方法					関連資料
				担当者	時期	測定方法	測定場所	記録	
ペレット ▽									
①	原料投入	（ミルシート）		作業員	搬出時	目視	原料倉庫	出庫台帳	
②	成形	（背　圧）	○○ N/cm^2	作業者	開始時		作業現場	チェックシート	検査標準
		（保持時間）	2 min±30 sec	作業者	開始時		作業現場	チェックシート	
		厚さ	2 mm ±0.05 mm	検査員	1/50個	マイクロメータ	検査室	管理図	
③	ばり取り	平面度	6 μm	検査員	1日2回	拡大投影機	検査室	チェックシート	
▽									

図 5.1.B　QC 工程図の例
出所　JIS Q 9026:2016，表 3

(3)　作業標準書

作業標準書は，作業者が交替した場合でも同じ作業が実施され，同じ成果が効率的に得られるように，作業とその手順を示したものである．なお，作業標準書は，作業手順書や作業マニュアルなどとも呼ばれている．

作業標準書に記載する項目は，作業目的，使用材料・部品，設備・治具，作業手順，作業者，管理項目と管理方法，品質特性と検査方法，作業条件，品質・安全上の注意事項，起こりやすい異常と処置方法などである．作業標準書の例を図 5.1.C に示す．

引用・参考文献

1)　田中敏行(2020)：JIS 品質管理責任者セミナーテキスト，社内標準化，p.78，日本規格協会
2)　仲野彰(2016)：2015 年改定レベル表対応 品質管理検定教科書 QC 検定 2 級，日本規格協会
3)　飯塚悦功著，棟近雅彦編(2016)：品質管理と標準化セミナーテキスト，プロセスの計画と管理，日本規格協会

パネルソー作業手順				標準番号	○○○－P－061	制定部門	○　○　課	
				制定年月日	○○年　○月○○日	承認	審査	作成
作業名	ベニヤ切断	資格の要否	否	最新改訂年月日	△△年　△月△△日△	CO	△△	▽▽
機械名	パネルソー	保護具	保護メガネ、防塵マスク	発生しやすい災害	切り傷			

非常停止ボタン

作業手順	1	作業前の設備点検（日常点検表により実施）	4	切断材料をテーブルにセット	6	フットスイッチで材料押さえる	9	切断後、運転スイッチOFF
	2	作業環境のチェック（周辺に障害物がないか）	5	切断寸法確認・決定	7	運転スイッチON	10	加工材をテーブルから降ろす
	3	集塵機のスイッチON			8	切断作業	11	集塵機スイッチOFF
安全ポイント	①	保護具（メガネ、マスク）の着用	③	無理な姿勢で作業をしない	④	切断中は、機械に手を触れない	⑦	不使用時は、元電源OFF
	②	刃先の点検			⑤	切断中は、機械の後部に入らない	⑧	作業終了時の整理、整頓、清掃を徹底
					⑥	緊急時は非常ボタンを押して運転停止		
	⑨作業区域は関係者以外立入禁止 ⑩長袖作業服以外の作業禁止（半袖着用禁止）				⑪帯鋸刃の取り付け、交換時は、必ず元電源OFF ⑫帯鋸刃の取り付け、交換時は、必ず革手袋着用			

図 5.1.C　作業標準書の例

出所　田中敏行(2020)：JIS 品質管理責任者セミナー　テキスト，社内標準化，p.78，日本規格協会

4)　福丸典芳(2019)：品質管理セミナー入門講座テキスト，プロセス品質保証とその進め方，日本規格協会

●出題のポイント

(1)　プロセス（工程）の考え方

プロセス（工程）やプロセス管理（工程管理）の定義だけでなく，品質を工程で作り込むためにどのような工程管理を行っているか，具体的な管理方法及びそこで活用されるQC工程図や作業標準書などの社内標準についても理解しておくことがポイントである．

(2)　QC工程図，フローチャート

材料・部品の受入から完成品出荷までの工程全体を見とおす管理を行うため，QC工程図には工程ごとにどのような記載項目があるかを理解しておくことがポイントである．

(3)　作業標準書

製品規格で定められた品質の製品を効率よく製造するため，作業標準書には，どのような記載項目があるかを理解しておくことがポイントである．また，作業標準書に基づく作業を行うことにより，どのようなメリットがあるのかも理解しておく必要がある．

問題 5.1.1

［第14回問17］

【問17】 プロセス管理に関する次の文章において，[　　] 内に入るもっとも適切なものを下欄の選択肢からひとつ選び，その記号を解答欄にマークせよ．ただし，各選択肢を複数回用いることはない．

工程管理では，品質を確保するために，工程異常を確実に [(84)] し，異常に対して適切な処置を行うとともに原因を追究して再発防止を行うなど，PDCAの管理のサイクルを回しながら，プロセスの [(85)] 化を図る．そして，個々のプロセスが [(85)] しているかどうかを判定するために，管理 [(86)] ，管理水準を明確化する．この工程管理が適切さを欠いたり，不十分である状態では，コストをかけてどんなに厳重な [(87)] が実施されていても品質の確保は困難になり， [(88)] につながるばかりでなく， [(89)] に間に合わなかったり，量が確保できなかったりなど，顧客に多大な迷惑をかけることになる．

【選択肢】

ア．未然　イ．項目　ウ．検知　エ．コストアップ　オ．防止
カ．納期　キ．検査　ク．安定

問題 5.1.2

[第 22 回問 13]

【問 13】　次の文章において，□内に入るもっとも適切なものを下欄のそれぞれの選択肢からひとつ選び，その記号を解答欄にマークせよ．ただし，各選択肢を複数回用いることはない．

① 品質管理では“品質は (69) で作り込む”という基本的な考え方がある．これは，安定した良いプロセス（過程）から，安定した良い品質（結果）が生み出されるということを意味している．プロセスとは，何らかのインプット（材料，情報，エネルギーなど）を受け，ある価値を付与し，アウトプット（製品・サービスなど）に (70) するための，相互に関連するまたは相互に作用する一連の活動のことである．

② この活動の基本は，各プロセスにおける達成すべきアウトプットを明確にしたうえで，そのアウトプットを得るためのインプットおよび経営資源（人，設備，技術，ノウハウなど）の要件を明らかにし，実現するための手順の設定，手順どおりの実施，(71)，必要に応じた処置を行うことである．プロセスのアウトプットが要求される基準を満たすことを確実にする一連の活動を (72) という．

【(69)～(72) の選択肢】

ア．プロセス保証　イ．変換　ウ．人材　エ．工程　オ．導入
カ．品質重視　キ．結果の確認　ク．検査　ケ．品質監査

③ 安定した良いプロセスを実現するためには，特性と要因との因果関係を調べて明らかにする (73) を十分に行い，要因系である (74) と，これに対応する結果である寸法，強度，重量などの (75) を設定して (76) などに明確に示す．(76) は，製品・サービスの生産・提供に関する一連のプロセスの流れに沿って，プロセスの各段階で，誰が，いつ，どこで，何を，どのように管理したらよいかを一覧にまとめたものである．

【(73)～(76) の選択肢】

ア．5S　イ．品質特性　ウ．品質計画書　エ．工程解析
オ．魅力的品質　カ．QC 工程図　キ．工程改善　ク．管理項目
ケ．品質評価　コ．保証の網

問題 5.1.3

[第 20 回問 16]

【問 16】 工程管理に関する次の文章において，[　　] 内に入るもっとも適切なものを下欄のそれぞれの選択肢からひとつ選び，その記号を解答欄にマークせよ．ただし，各選択肢を複数回用いることはない．

① 工程を改善するには，まず何が正常で何が異常なのかを区別しなければならない．このため，作業者が判断できるように判定基準を [(81)] に記載するとよい．

② 工程の異常を早期に発見し対処するためには，工程異常の発生の有無が判断できる品質特性を準備するとよいが，その特性がどのように推移しているかを識別できるようにするために工程の [(82)] を心掛けるとよい．

③ 工程の変動を効率よく低減するには，まず変動要素のうち，[(83)] に関する情報を得ることがある．

④ 品質を広義に考えるときに，品質，コストおよび [(84)] を要素として検討するとよい．

【[(81)] ～ [(84)] の選択肢】

ア．見える化　イ．量・納期　ウ．文書化　エ．品質改善　オ．かたより
カ．作業標準書

⑤ 異常が発生してからではなく，あらかじめ工程での異常を想定し，その原因に対する対策を考えておくことを [(85)] と呼ぶ．

⑥ 工程の順序，管理項目，管理値，管理方法等を定め文書化する必要があるが，この管理用文書を一般に [(86)] と呼ぶ．

⑦ 人間はミスを犯すという前提に立ち，ミスが起きないように対策することを [(87)] またはポカヨケと呼ぶ．

【[(85)] ～ [(87)] の選択肢】

ア．工数　イ．是正処置　ウ．納期　エ．未然防止
オ．QC 工程図　カ．フェールセーフ　キ．フールプルーフ

問題 5.1.4

[第8回問13]

【問13】 製造工程の管理に関する次の文章において，[　　] 内に入るもっとも適切なものを下欄の選択肢からひとつ選び，その記号を解答欄にマークせよ．ただし，各選択肢を複数回用いることはない．

① 製造工程が管理された状態とは，[(61)]（原材料・外注品，機械・装置，人，方法・技術，測定・試験）などの生産の要素が適切に設定され，それが維持されて，その結果，ねらいに合った製品が安定的に生産されている状態，さらに，[(62)]（整理，整頓，清掃，清潔，しつけ）による作業環境が適切に維持されている状態が確実になっていることをいう．

② 製造工程を常に望ましい状態に維持・管理する方法として [(63)]，[(64)] の活用がある．[(63)] は，対象製品について材料・部品の供給から完成品として出荷されるまでの工程を図示し，各工程の管理項目とその管理方法を明示したもの，[(64)] は，安定した [(65)] の製品を決められたコストで予定数量を [(66)] までに製造するための作業基準を定めたもので，その内容には，作業方法・条件，使用機械・設備・治工具，使用原材料・部品，測定器具，安全条件，保全方法などについて具体的に作業手順が規定される．この [(64)] には，[(63)] と同様に，工程のアウトプットである製品のできばえを評価するもので，作業が標準どおりに行われているかどうかをチェックする [(67)] 系の管理項目だけではなく，その [(67)] に影響を与えると思われる [(68)] 系の管理項目を確実に盛り込んでおく必要がある．

【選択肢】

ア．QC工程表	イ．納期	ウ．工程図	エ．原因	オ．5 M
カ．5 S	キ．作業標準書	ク．品質	ケ．検査	コ．結果

5.2　工程異常の考え方とその発見・処置

QC 検定のレベル表における“工程異常の考え方とその発見・処置”は全体として，以下の(1)～(6)の項目について理解しておく必要がある．

(1)　工程異常とは

工程異常は JIS Q 9026:2016 で以下のように定義されている．

> **工程異常**
> プロセスが管理状態にないこと．管理状態とは，技術的及び経済的に好ましい水準における安定状態をいう．

このように異常は管理状態にない，安定状態にないことであり，規格など要求事項を満たしていない不適合とは異なることに留意しておく必要がある．

(2)　工程異常の見える化・検出

工程の状態を把握するために，まずは管理項目を選定する．そして，管理項目の時系列の推移状態を示す管理図や管理グラフを作成して見える化する．

異常の有無の判定は，グラフ内にプロットした点を管理水準と比較して実施する．この際，管理水準を越えた点だけでなく，連の長さ，上昇又は下降の傾向，周期的変動なども考慮する．

異常が検出された場合は異常警報装置（例：あんどん）などを活用して，周囲にすぐに知らせるようにする．

(3)　工程異常の処置

異常が発生した場合には，まずは異常の影響が他に及ばないように，プロセスを止めるか又は異常となったものをプロセスから外し，その後，異常となったものに対する応急処置を行う．応急処置は JIS Q 9026:2016 で以下のように定義されている．

> **応急処置**
>
> 原因が不明であるか，又は原因は明らかだが何らかの制約で直接対策がとれない不適合，工程異常又はその他の望ましくない事象に対して，これらに伴う損失をこれ以上大きくしないためにとる活動．

(4) 工程異常の異常原因の確認

異常発生時には，根本原因の追究を行うために，発生した異常がどのような異常原因によるものか確認する必要がある．異常原因はその発生の型によって表 5.2.A の三つに分類される．

表 5.2.A 異常原因の分類

分 類	説 明
系統的異常原因	①ある規則性，周期性をもって瞬間的に起こる原因
	②一度起こると引き続き同じ異常を呈する原因
	③時間の経過とともに次第に異常の度合いが大きくなる原因
散発的異常原因	標準整備の不備などの管理上あるいは作業員の疲労などの管理外の問題であることが多く，規則性がない原因
慢性的異常原因	仕方がないとして正しい再発防止の処置がとられていない原因

(5) 工程異常の原因追究と再発防止

異常発生後は，異常が発生した工程を調査し，根本原因を追究し，原因に対して対策をとり，再発を防止する．再発防止に効果的であることがわかった対策は，標準類の改訂，教育及び訓練の見直しなどの標準化，管理の定着を行う．再発防止は JIS Q 9026:2016 で以下のように定義されている．

再発防止

検出された不適合，工程異常又はその他の検出された望ましくない事象について，その原因を除去し，同じ製品・サービス，プロセス，システムなどにおいて，同じ原因で再び発生させないように対策をとる活動

(6)　工程異常発生の共有

異常発生を周知し，共有するために，工程異常報告書などにまとめて記録として残す．工程異常報告書には，異常発生の状況，応急処置，原因追究及び再発防止の実施状況，関係部門への連絡状況などを記載する．

引用・参考文献

1)　JIS Q 9026:2016，マネジメントシステムのパフォーマンス改善―日常管理の指針

●出題のポイント

工程異常の考え方とその発見・処置の分野は，たびたび出題される分野である．QC 検定のレベル表では，3 級は言葉として知っている程度のレベルとなっているため，用語を中心に理解するとよい．

特に，異常発生時，異常処置の場面が示されて，その中での対応についての用語を問う問題が複数回出題されている．また，異常原因の分類は 2 級でも 3 級でも各分類の名称とその意味について出題されているため，これらについては，今後も出題される可能性は高く，しっかり理解しておく必要がある．

用語の定義は，JIS の定義を中心に理解しておくとよい．特に重要な用語は，工程異常，異常原因，応急処置，再発防止，根本原因であり，まずはこれらの用語を理解したうえで，どのような場面で使われる用語か理解しておくとよい．

問題 5.2.1

［第 18 回問 11］

【問 11】　工程管理に関する次の文章において，［　　］内に入るもっとも適切なものを下欄のそれぞれの選択肢からひとつ選び，その記号を解答欄にマークせよ．ただし，各選択肢を複数回用いることはない．

現場は生き物とよく言われるが，(A)作業者が変わった，作業標準を守らなかった，守れなかった，材料ロットの変わり目にいつもと違うことが起こった，機械の性能が低下した等，プロセスに変化が発生し，結果として製品品質などが通常と異なる状況となった場合のその原因を異常原因と呼ぶ．

異常原因は，その発生の型によって (B)系統的異常原因（突発変異），散発的異常原因，慢性的異常原因の 3 つに分類できる．異常原因があれば管理図で点が管理限界の外に出たり，点の並び方にくせが現れたりするので直ちにプロセスを調査し，その異常原因を取り除くとともに，それを引き起こした根本原因を見つけ出さなければならない．

① 下線(A) のいくつかの事象の全体にもっとも関係の深い言葉は，［(62)］である．

【［(62)］の選択肢】

ア．2 項分布　　イ．3 シグマ限界　　ウ．4M　　エ．5S　　オ．シックスシグマ

② 下線(B)の各原因の説明でもっとも適切なものはどれか．

・系統的異常原因（突発変異）　：［(63)］

・散発的異常原因　：［(64)］

・慢性的異常原因　：［(65)］

【［(63)］～［(65)］の選択肢】

ア．現場管理上あるいは管理外の問題（作業員の製品や部品の取扱い不注意，作業員の疲労，大気温度の変化の影響等）であることが多く，規則性がないと思われる原因

イ．技術力不足や工程管理能力不足等で現状再発防止が取られていない原因

ウ．規則性，周期性を持っているようであるが，それが把握できていないために現状は瞬間的に起こっているように見える原因

問題 5.2.2

[第26回問15]

【問15】　工程管理に関する次の文章において，[　　] 内に入るもっとも適切なものを下欄のそれぞれの選択肢からひとつ選び，その記号を解答欄にマークせよ．ただし，各選択肢を複数回用いることはない．

① 工程で異常が認められたときに先ず行うことは，異常が発生した工程に対する処置と，その異常な工程から作り出された製品に対する処置である．工程に対する処置とは，例えば設備異常が原因のトラブルならば，故障部品を交換する，設定条件を修正するなどで，異常な状態を正常な状態に戻す．さらにこの異常な工程から作り出された製品は，不適合品となることも考えられるため，[(84)] な工程から作り出された製品と混合しないよう，識別区分などの処置を行うことが必要である．この被害を最小限に止める一連の活動が [(85)] である．

② 工程に異常が発見された場合，上記対策により工程を異常な状態から元の正常な状態に戻すことは可能である．しかし異常が発生した原因を追究し，除去しない限りまた同じことが繰り返される危険があるため，再発を防ぐ対策を行わなければならない．この対策で考慮すべきことは，[(86)] を突き止めて確実に除去することであり，この一連の活動が [(87)] である．

【[(84)] ～ [(87)] の選択肢】

ア．標準　イ．水平展開　ウ．根本原因　エ．潜在特性　オ．正常
カ．要因　キ．是正処置　ク．予防処置　ケ．問題　コ．応急処置

③ 工程に異常が発生したときの処置は非常に重要であり，適切で間違いのない対応が求められる．そのためには，工程や作業ごとに可能な限り異常とはどのような状態であるのかを明確に [(88)] し，あいまいなまま判断する領域を [(89)] する．そして異常が発生したとき，関係者の連携が迅速かつ確実に実行できるよう，対処の方法を具体的に決めておく．

【[(88)] [(89)] の選択肢】

ア．極大化　イ．極小化　ウ．確認　エ．定義　オ．検査

第5章

5.3　工程能力調査，工程解析

(1)　工程能力調査の概要

工程能力調査とは，工程がもつ製造能力を定量的に評価することである．その工程から不適合品がどの程度発生するかの指標となる工程能力指数で示される．

工程の新設や工程の変更が行われた際には，工程能力指数が工程の加工精度などの確認や判断を行うための重要な尺度となっている．

工程能力調査では，工程能力指数とともに，品質確認時のデータを取り扱う際の基本となるサンプリングや管理図などの手法が活用されることが多い．

なお，JIS Z 8101-2:2015 では工程能力を下記のように定義している．

> **工程能力**
>
> 統計的管理状態にあることが実証されたプロセスについての，特性の成果に関する統計的推定値であり，プロセスが特性に関する要求事項を実現する能力を記述したもの

(2)　工程能力調査の手順

工程能力調査の手順の例を下記に示す[3]．

手順 1　評価対象の工程データを集める

手順 2　$\overline{X}$–R 管理図を作成する

手順 3　ヒストグラムを描き工程能力を計算する

手順 4　工程能力指数 C_p 又は C_{pk} を求める

手順 5　工程能力一覧表に整理する

工程能力指数は下記により求められる．

$$\hat{C}_p = \frac{S_U - S_L}{6\hat{\sigma}}$$

偏りを考慮した場合：　$\hat{C}_{pk} = \min\left(\dfrac{S_U - \hat{\mu}}{3\hat{\sigma}},\ \dfrac{\hat{\mu} - S_L}{3\hat{\sigma}}\right)$

上側規格のみの場合：　$\hat{C}_{pkU} = \dfrac{S_U - \hat{\mu}}{3\hat{\sigma}}$

下側規格のみの場合：　$\hat{C}_{pkL} = \dfrac{\hat{\mu} - S_L}{3\hat{\sigma}}$

(3)　工程能力指数の評価基準

工程能力調査から得られた，工程能力指数の見方を表 5.3.A に示す．

表 5.3.A　工程能力指数の評価基準

指　数	イメージ	評価基準	補　足
$C_p > 1.33$		工程能力は十分	特性値のばらつきが，余裕をもって規格幅に収まっているため，不適合品発生の可能性は極めて低い．
$1.33 \geqq C_p > 1.0$		工程能力はあるが不十分	特性値のばらつきは規格幅に収まっているものの，一定の確率で不適合品が発生するおそれがある．
$1 \geqq C_p$		工程能力不足	特性値のばらつきが規格幅に収まっておらず，全数検査などで不適合品に対応する必要がある．

引用・参考文献

1)　JIS Z 8101-2:2015，統計―用語及び記号―第 2 部：統計の応用
2)　吉澤正編(2004)：クォリティマネジメント用語辞典，p.178，日本規格協会
3)　中條武志，山田秀編著(2006)：TQM の基本，p.79，日科技連出版社

●出題のポイント

これまでの出題では，工程能力指数の値から工程が現在どのような状態かを判断させる，工程能力の評価について問う設問が多い．そのため，工程能力指数の意味を確実に理解しておきたい．そして工程能力指数の計算の仕方（両側規格，片側規格，偏りのある場合など）を理解しておくことも重要である．

また，実務において品質問題にどう対応すべきかをストーリーとして出題される場合が多い．こうした品質問題への取り組むストーリー形式の出題は，実務での経験を大切にして，日頃の業務の中で得られた知見を整理しておくとよい．

問題 5.3.1

［第 18 回問 12］

【問 12】 金属棒の外径を旋削加工する工程のリーダーと係長の問題解決に関する会話の次の文章において，［　　］内に入るもっとも適切なものを下欄のそれぞれの選択肢からひとつ選び，その記号を解答欄にマークせよ．ただし，各選択肢を複数回用いることはない．なお，この工場では，加工は早番と遅番の 2 つのチームが交代で作業している．

リーダー：加工の次に組立てを担当する後工程のリーダーから，「昨日の遅番勤務時から製品を組み立てる際，A 部品が挿入できないものがあり困っている．A 部品の外径に問題がありそうなので至急対処してほしい」との連絡が今朝ありました．そこで，問題発生の作業工程は停止させ，問題の現品は識別し，別管理としています．

係　　長：そうか．確か A 部品の外径は 2 台の旋削機（1 号機・2 号機）を同時に使い加工を行っていたはずだな？

リーダー：そうです．早速，昨日加工してまだ組み立てていない A 部品からサンプリングし，外径の測定データをとり，［(66)］で確認してみました．その結果，分布の形は二山型であり，そのばらつきの幅は規格より大きな状況でした．

係　　長：なるほど．これは［(67)］して状況をさらに確認する必要があるな．

リーダー：はい．そう考え，機械ごとに分けて［(66)］を作り直したところ，両機械とも分布の形は［(68)］型できれいな形になりました．工程能力は，1 号機の C_p は 1.34 で C_{pk} が 0.68，2 号機の C_p は 1.41 で C_{pk} が 1.36 という結果でした．

係　　長：そうか．［(69)］号機は問題なく［(70)］号機に問題がある，その問題は規格の中心に対し分布に［(71)］がある．ここに問題発生の原因があるということが考えられるな･･･．確か，この問題発生は昨日の遅番からだったな？

リーダー：そうです．

係　　長：昨日の早番作業時までは通常どおりで問題なく，遅番時から問題が発生しているわけだから，早番と遅番の交代前後で何かの違いがあるはずだと思うが？

リーダー：はい．昨日は担当している遅番作業者が急用で休暇をとったため，経験の浅い代わりの者が作業を担当したようです．先程，機械のセット状況を調べたところ，［(72)］に決められたとおりでないことがわかりましたので，正常な状態に戻しました．

係　　長：なるほど･･･．ここが今回の問題発生の原因ということが判明し，対策が完了したわけだから工程は稼動させることにしよう．
今回の問題は通常の作業者から，臨時にまだ慣れていない作業者にセッティングをまかせたことで起こった問題であり，我々に力量管理の重要さを改めて認識させたということだ．

【 (66) ～ (70) の選択肢】

ア．1　イ．2　ウ．一般　エ．変形
オ．チェックシート　カ．ヒストグラム　キ．検定　ク．層別
ケ．特性要因図　コ．欠け

【 (71) (72) の選択肢】

ア．3ム　イ．かたより　ウ．目標　エ．生産計画表
オ．力量　カ．5M　キ．重点　ク．作業標準
ケ．5S　コ．QCD

5.4　検査の目的・意義・考え方，検査の種類と方法

品質保証プロセスでの検査は，開発から生産を経て市場に販売する段階の関所の役割として，お客様へ不適切なものを渡さないという重要な活動である．したがって，以下の概要解説を主に十分に理解を深めてほしい．

(1)　検査と考え方及びその目的

(a)　検査とは

検査とは，JIS Z 8101-2:2015 で下記のように定義されている．

> **検査**
> 品物又はサービスの一つ以上の特性値に対して，測定，試験，検定，ゲージ合わせなどを行って，規定要求事項と比較して，適合しているかどうかを判定する活動

・判定対象　①品物又はサービスに対しては，適合・不適合の判定を下すこと
　　　　　　②品物又はサービスのいくつかのまとまり（ロット）に対しては，合格・不合格の判定を下すこと

・適合・不適合　“適合”　：規定要求事項を満たしているもの
　　　　　　　　“不適合”：規定要求事項を満たされてないもの

・合格・不合格　“合格”　：“まとまりとしての基準”を満たしているもの
　　　　　　　　“不合格”：“まとまりとしての基準”を満たしていないもの

(b)　検査の考え方

品質を保証するためには，各段階において目標とする品質を作り込み，完成品を検査し，その品質水準が目標どおりになっているかどうかを確認し不適合品を除去することが必要である．

・工程能力不十分，不適合品を見逃すと重大な結果をまねくおそれがある

→全数検査

・工程能力が十分→無試験検査（ですむことが多い）

・ある程度の不適合品の混入が許容できる場合→抜取検査

(c)　検査の目的

①　主目的は，不適合品（不合格ロット）を後工程や顧客に渡らないようにすることである．

②　副目的は，検査によって得られた品質情報を前工程にフィードバックしていくことで，プロセスの良し悪しを判定し，不適合な製品（あるいはロット）が発生しない工程づくりにつなげていくことである．

(2)　検査の種類

検査を行うときに重要なことは，その時点で要求されている検査方法を的確に選択して，正しく活用することである．表 5.4.A に分類ごとに検査の種類を示す．

表 5.4.A　検査の分類

分　類	検　査
検査の行われる段階	①　受入検査（購入検査） ②　工程間検査（中間検査） ③　最終検査（出荷検査）
検査方法の性質	①　破壊検査：製品を破壊する検査 ②　非破壊検査：製品を破壊することなく行う検査
サンプリング方法	①　全数検査：ロット内のすべての検査単位について行う検査 ②　無試験検査：品質・技術情報に基づきサンプルの試験を省略する検査 ③　間接検査：検査成績を確認することにより受入側の試験を省略する検査 ④　抜取検査：ロットから，サンプルを抜き取り試験し調査する検査

(3)　抜取検査

抜取検査とは，“ロットからの一部のサンプルについて試験し，結果のデータでロットの合格・不合格を判定する方法”である．

利点：検査稼働が少なくてすむ

欠点：一部のサンプルしか試験していないため，合格・不合格の判定に誤判定となる確率がある．

抜取検査には規準型，調整型などがある．

(a)　規準型抜取検査

規準型とは，売り手と買い手の両者の保護を考えた検査方式のことである．

売り手の保護：不適合品率 p_0 のような品質の良いロットが不合格となる割合 α（生産者危険）を一定の小さな値にする

買い手の保護：不適合品率 p_1 のような品質の悪いロットが合格となる割合 β（消費者危険）を一定の小さな値にする

代表的なものに下記がある．

計数規準型一回抜取検査（JIS Z 9002）

計量規準型一回抜取検査（標準偏差既知：JIS Z 9003）

計量規準型一回抜取検査（標準偏差未知：JIS Z 9004）

1)　計数値抜取検査：サンプル（n）を試験し，サンプルを適合品と不適合品に分け，サンプル中の不適合品数や不適合数と合格判定個数（c）を比較して，そのロットの合格・不合格の判定を行う検査である．また，n 個のサンプルを抜き取るたびに n 個中に含まれる不適合品数がばらつくことに注目する．

- 規準型抜取検査のサンプルサイズの特徴：規準型で同じ p_0, p_1 で，同じ α, β のもとでは，サンプルサイズが JIS Z 9002 ＞ JIS Z 9004 ＞ JIS Z 9003 の順に少なくなる．
- 合格判定個数：ロットの合格の判定を下す最大の不適合品数又は不適合数
- OC 曲線（検査特性曲線）：ある品質のロットがどのくらいの割合で

合格になるか，不合格になるかの抜取検査の判定能力を示したもの．横軸にロットの不適合品率 p（%）と縦軸にロットの合格する確率との関係を示す曲線

2)　計量値抜取検査：計量値で測定でき，サンプルから得られた計量値のデータから平均値（$\bar{x}$），標準偏差（s）を計算し，合格判定係数（k）と規格値より求めた合格判定値とを比較してそのロットの合格・不合格の判定を行う検査である．特に，計量値抜取検査はデータが正規分布であることを仮定しているので，品質特性が正規分布から外れる場合は適用できない．

(b)　調整型抜取検査（JIS Z 9015-1：ロットごとの検査に対する AQL 指標型抜取検査方式）

・検査の実績から品質水準を推測し，抜取検査方式を調整する検査である．

・検査の厳しさは“なみ検査”，“ゆるい検査”，“きつい検査”の 3 段階がある．

・検査の回数は，1 回，2 回，多回の 3 種類ある．

・検査指標は，合格品質水準 AQL である．

●出題のポイント

検査に関する基本的な事項の中で，用語の意味と内容の問題が多いので，用語の意味とその内容の理解が必要である．

・検査の定義

・適合／不適合や合格／不合格の意味

・品質判定基準

・検査の種類（工程別，性質別，検査方式別）

・抜取検査の考え方

・抜取検査の種類と方法（計数値／計量値）

問題 5.4.1

［第20回問18］

【問18】　次の①～③の各ケースについて，検査の種類を実施段階および実施方法により分類したい．［　　］内に入るもっとも適切なものを下欄の選択肢からひとつ選び，その記号を解答欄にマークせよ．ただし，各選択肢を複数回用いることはない．

ケース①　電子デバイス製造課のAさんは，自動検査装置により不適合判定されたモジュールを取り除き，適合品のみを次工程に送った．

ケース②　品質保証課のBさんは，検査規格に従って今日出荷予定の製品100個のうち5個について品質特性を測定し，すべて適合品であったため検査合格として出荷の処理をした．

ケース③　化成品製造課のCさんは，a社から納入された樹脂原料について，過去の品質状況および添付された試験成績書をもとに検査合格と判定した．

表18.1　検査の種類

ケース	実施段階による分類	実施方法による分類
①	（96）	（97）
②	（98）	（99）
③	（100）	（101）

【選択肢】

ア．受入検査　イ．中間検査　ウ．最終検査　エ．全数検査　オ．抜取検査
カ．間接検査　キ．官能検査　ク．破壊検査　ケ．事前検査　コ．事後検査

問題 5.4.2

[第22回問14]

【問14】 検査に関する次の文章において，［　　］内に入るもっとも適切なものを下欄のそれぞれの選択肢からひとつ選び，その記号を解答欄にマークせよ．ただし，各選択肢を複数回用いることはない．

① 検査とは，「品物を何らかの方法で試験した結果を,品質判定基準と比較して，個々の品物の［(77)］の判定を下し，またはロット判定基準と比較して，ロットの［(78)］の判定を下すこと」である．検査を実施するにあたって，検査には二つの役割がある．一つは，不適合品を後工程や顧客に渡らないよう品質を保証すること．二つめは，検査部門にあるデータを速やかに製造部門へフィードバックすることである．

【［(77)］［(78)］の選択肢】
ア．合格・不合格　　イ．適合品・不適合品

② 不適合品を後工程や顧客に渡らないようにするために，各企業ではいろいろな検査を実施している．検査の［(79)］で分類すると，受入検査・購入検査，工程間検査・中間検査，最終検査・出荷検査があり，［(80)］で分類すると，全数検査，抜取検査，無試験検査・間接検査に分類される．

【［(79)］［(80)］の選択肢】
ア．方法　　イ．段階

③ ［(81)］は，ロット内の全ての検査単位について行う検査で，抜取検査は，検査ロットから，あらかじめ定められた抜取検査方式に従って，サンプルを抜き取って試験・検査する方法である．また，［(82)］は，品質情報や技術情報などを活用して，サンプルの試験を省略する検査をいい，［(83)］は，受入検査で，供給側のロットごとの検査成績を必要に応じて確認することにより，受入側の試験を省略する検査をいう．

【［(81)］～［(83)］の選択肢】
ア．全数検査　　イ．間接検査　　ウ．製品検査　　エ．無試験検査　　オ．受入検査

問題 5.4.3

[第23回問12 ③④]

【問12】　次の文章において，［　　］内に入るもっとも適切なものを下欄のそれぞれの選択肢からひとつ選び，その記号を解答欄にマークせよ．ただし，各選択肢を複数回用いることはない．

③　さらに，全数を対象にする全数検査，対象となる有限の母集団（ロット）から，あらかじめ定められた検査の方式に従い，サンプルを抜き取り，測定，試験などを行い，その結果をロットの［(75)］と比較し，そのロットの合格・不合格を判定する抜取検査に分類される．

④　この抜取検査は，サンプル中の不適合品数や不適合数などを対象に行う［(76)］抜取検査，サンプルから得られた平均値や標準偏差などを対象に行う［(77)］抜取検査に分類される．そして，ロットの受渡しが連続して行われる場合には，過去の検査の履歴などの品質情報によって，検査のきびしさを“なみ検査”“きつい検査”“ゆるい検査”の3つに使い分ける調整型抜取検査も一般的に活用されている．

【［(72)］～［(75)］の選択肢】
ア．予測判定　イ．許容水準　ウ．官能　エ．基準　オ．合格判定基準
カ．調査指示　キ．特性値　ク．最適化　ケ．規定要求　コ．要因

【［(76)］［(77)］の選択肢】
ア．計量値　イ．標準　ウ．計数値　エ．平均

問題 5.4.4

[第24回問15]

【問 15】 検査に関する次の文章において，□内に入るもっとも適切なものを下欄のそれぞれの選択肢からひとつ選び，その記号を解答欄にマークせよ．ただし，各選択肢を複数回用いることはない．

① 検査は，誰が行っても同じ結果が得られることが重要である．そのためには，検査の (85) が必要である．検査の (85) を的確に行うためのポイントは，誰が見ても正しく理解できるものであり，後工程または (86) の立場で作成されており，(87) に対する要求や検査コストに見合っていることである．

② 検査の標準類には，一般的に検査規格と検査作業標準がある．検査作業標準には，検査依頼手続き，検査実施要領，受検物品の検査終了後の処置，検査中の異常の処置，再検査手続きなど，検査の (87) が記述される．

【(85) ～ (87) の選択肢】

ア．資格化　イ．検査者　ウ．標準化　エ．生産者　オ．作業方法
カ．消費者

③ 検査には検査ミスが存在する．検査ミスを起こす (88) を分析すると，(89) が不明確，検査標準が不備，検査スピードが速いもしくは検査者の疲労，検査者のモラルなどの要素が複雑に絡み合っていることが多い．

【(88) (89) の選択肢】

ア．品質判定基準　イ．結果　ウ．態度　エ．要因　オ．怠慢

④ 検査を適切に実施するうえで検査員は，検査の知識，試験・測定技能の取得，検査 (90) の向上が必要である．検査に関する教育・訓練において，検査 (90) の向上には時間がかかることが多い．検査 (90) を向上させるには，例えば品物を何らかの方法で測定・試験した結果を判定基準に照らして適合品・不適合品またはロットの合格・不合格を常に正しく判定できる力量を獲得できるようになるまで (91) 訓練することが重要である．

【(90) (91) の選択肢】

ア．種類　イ．反復　ウ．規格　エ．精度　オ．見える化

問題 5.4.5

［第 26 回問 12］

【問 12】　検査に関する次の文章で正しいものには○，正しくないものには×を選び，解答欄にマークせよ．

① 製品・サービスの一つ以上の特性値に対して，測定，試験，またはゲージ合わせなどを行って規定要求事項に適合しているかどうかを判定する活動を検査という．　(69)

② 検査には，製品の一つひとつに対して行うものと，いくつかのまとまり（ロット）に対して行うものがある．前者を抜取検査，後者を全数検査という．　(70)

③ 製品・サービス，プロセス，またはシステムが，その規定要求事項を満たしていることを適合といい，すべての検査項目で品質判定基準を満たす検査単位を適合品という．　(71)

④ 抜取検査で，検査ロットからサンプルを取るとき，目視により，なるべく不適合品を選んで取り出すのがよい．　(72)

5.5 計測の基本，計測の管理，測定誤差の評価

“ものごと”を検証して判断する場合，根拠となる計測値がもし間違った計測器あるいは計測方法に由来するものであれば，その判断はナンセンスなものになってしまうので，検査や工程管理などでは，計測管理は大変重要なプロセスである.

(1) 計測の基本

JIS Z 8103:2000 では計測と測定を下記のように定義している.

計測

特定の目的をもって，事物を量的にとらえるための方法・手段を考究し，実施し，その結果を用い所期の目的を達成させること

測定

ある量を，基準として用いる量と比較し，数値又は符号を用いて表すこと

測定の種類には，直接測定と間接測定がある.

- **直接測定**：ノギスやマイクロメータなどの測定機器を用いて対象物の寸法を直接読み取る方法
- **間接測定**：測定物とブロックゲージなどとの寸法差を測定し，その測定物の寸法を知る方法.

(2) 計測の管理

- **計測管理**：“計測の目的を効率的に達成するため，計測の活動全体を体系的に管理すること”である．分野によっては，計量管理ともいわれる.

計測管理は計測作業の管理と計測機器の管理がある.

- **計測作業の管理**：計測者及び計測方法に対して，計測手順などの標準を決

め，それに基づく計測者の教育訓練を行い，結果をフォローすること．

- **計測機器の管理**：計測機器で測定した値が信頼性のある値であることを確認するために，計測機器を正しく管理（校正，修正など），使用することである．主な計測機器に関する実施事項は，対象機器の明確化→対象機器の識別→校正と検証→機器の調整，再調整→校正状態の識別→調整無効の防護→損傷等の保護である．
- **校正**：“計器又は測定系の示す値，若しくは実量器又は標準物質の表す値と，標準によって実現される値との間の関係を確定する一連の作業
  備考　校正には，計器を調整して誤差を修正することは含まない”（JIS Z 8103:2000）．
- **校正の必要性**：計測機器は経年変化，取扱いなどにより誤差が生じることがあり，その誤差が測定精度に影響しないことを確認するため
- **計測器のトレーサビリティ**：検定や校正に用いる社内の検査用基準器は，認定事業者による校正を受けることで国家計量標準へのトレーサビリティを確保することができる．
- **計測機器の管理方法**：機器ごとにナンバー化と管理の一元化し，校正周期・日程などを明確化
- **計測器を校正する作業**：“点検”と“修正”の二つから構成
- **校正周期**：明確な基準はなく，計測器の使用者が決めればよいが，一般的に，計測機器メーカーは１年ないしは２～３年に一回の校正を推奨．

(3)　計測誤差の評価

母集団からサンプリングして計測して得た情報には，必ず多種多様の環境（測定者の状態，測定方法のばらつき，熱による変形，使用条件など）が影響して計測の誤差が含まれる．この誤差は，計測器に固有の誤差，計測者による誤差，測定方法による誤差，環境条件による誤差などがある．これらの誤差を可能な限り減少させるために，計測作業の標準化及び標準書に基づく教育・訓練の仕組みづくりなどの管理が必要である．

・**計測誤差**：測定値から真の値を引いた値をいい，この誤差には，正確さ（かたより：系統誤差）の成分と精度（ばらつき：偶然誤差）の成分から構成されている．

表 5.5.A 主な計測誤差に関する用語

（ただし，本文に明示された用語は除く）

区分	用 語	内 容
測定	標準器	ある単位で表された量の大きさを具体的に表すもので，測定の基準として用いるもの （測定）標準のうち，計器及び実量器を指す．
	基準器	公的な検定又は製造業者における検査で計量の基準として用いるもの
	直接測定	測定量と関数関係にある他の量の測定にはよらず，測定量の値を直接求める測定
	間接測定	測定量と一定の関係にある幾つかの量について測定を行って，それから測定値を導き出すこと
誤差及び精度	真の値	ある特定の量の定義と合致する値 備考 特別な場合を除き，観念的な値で，実際には求められない．
	精度	測定結果の正確さと精密さを含めた測定量の真の値との一致の度合い
	かたより	同じサンプルを繰り返し測定した測定値の母平均から真の値を引いた値．真度という．
	ばらつき	同じサンプルを繰り返し測定した測定値の平均値からのばらつきの大きさをいう．
	系統誤差	測定結果にかたよりを与える原因によって生じる誤差
	偶然誤差	突き止められない原因によって起こり，測定値のばらつきとなって現れる誤差
	併行精度（繰返し精度）	併行条件（同一試料の測定において，人・日時・装置のすべてが同一とみなされる繰返しに関する条件）による観測値・測定結果の精度．
	繰返し性	同一の測定条件下で行われた，同一の測定量の繰り返し測定結果の間の一致の度合い
	再現性	測定条件を変更して行われた，同一の測定量の測定結果の間の一致の度合い

表 5.5.A　(続き)

区分	用　語	内　容
性能及び特性	安定性	計測器又はその要素の特性が，時間の経過又は影響量の変化に対して一定で変わらない程度若しくは度合い.
	校正	計器又は測定系の示す値，若しくは実量器又は標準物質の表す値と，標準によって実現される値との間の関係を確定する一連の作業. 備考　校正には，計器を調整して誤差を修正することは含まない
	調整	計器をその状態に適した動作状態にする作業. 備考　調整は，自動，半自動又は手動であり得る
	点検	修正が必要であるか否かを知るために，測定標準を用いて測定器の誤差を求め，修正限界との比較を行うこと.（JIS の附属書 1 に規定）
	修正	計測器の読みと測定量の真の値との関係を表す校正式を求め直すために，標準の測定を行い校正式の計算又は計測器の調整を行うこと.

QC 検定の問題で記載されている計測・測定に関係する用語は JIS Z 8103:2000 計測用語，JIS Z 8101:2015 統計―用語及び記号―）を参照のこと

・**誤差が生じる原因**：読み取り方法誤差，機器誤差，操作誤差，方法誤差
・**測定結果の信頼性の表現**：計測器の測定精度を示す指標として“不確かさ”を明示する.

●出題のポイント

3 級としての出題はあまりないが，出題レベルは“言葉として知っている”レベルなので，計測誤差に関する用語の理解がポイントになると思われる．本文の巻末に，上記の“計測誤差に関する用語”を掲載したので，用語及び用語の内容を理解しておきたい.

問題 5.5.1

[第 23 回問 12 ①]

【問 12】 次の文章において，[ ] 内に入るもっとも適切なものを下欄のそれぞれの選択肢からひとつ選び，その記号を解答欄にマークせよ．ただし，各選択肢を複数回用いることはない．

① 製品などの一つ以上の [(72)] に対し，測定，試験，検定，ゲージ合わせなどを行い，[(73)] 事項と比較し，一つひとつに対して適合や不適合を判定する，またはロットに対して合格や不合格を判定する，この一連の活動が検査である．

【[(72)] ～ [(75)] の選択肢】

ア．予測判定　イ．許容水準　ウ．官能　エ．基準　オ．合格判定基準
カ．調査指示　キ．特性値　ク．最適化　ケ．規定要求　コ．要因

5.6　官能検査，感性品質

(1)　官能検査とは

官能検査（官能評価）はJIS Z 8101:1981で以下のように定義されている．

> **官能検査**
>
> 人間の感覚を用いて品質特性を評価し，判定基準と照合して判定を下す検査（評価）

JIS Z 8144:2004（官能評価分析―用語）では，“官能評価分析に基づく評価”が官能検査の定義である．この用語を解説すると，官能検査とは，人の感覚器官が感知できる属性である官能特性を人の感覚器官によって調べる官能試験に基づく検査ということになる．

官能検査では，計量検査と異なり人間の感覚によって行われるので，判断基準は実物，切り取り，模造などの検査見本による．検査見本には下記のものが挙げられる．①→③の順に検査の判定精度が安定する．

① 標準見本：単に品質の目標を与えるだけの見本．

② 限度見本：良否の判定を与えるもので“合格限度見本”と“不合格限度見本”をいう．

③ 段階見本：複数の見本を段階的に並べたもので，品質の程度の表現ができる．

(2)　官能検査の特徴

(a)　人間が計測器であるため，検査環境の違いや検査する人による合否判定のかたよりやばらつきが大きい．

(b)　データは基本的に言語なので，順序尺度あるいは名義尺度が主である．

(c)　疲労や順応，訓練効果などが大きいため，官能評価独特の手法が多い．

(3) 官能検査の種類

官能検査の種類は，分析型官能評価と嗜好型官能評価がある．

(a) 分析型官能検査：人の感覚器官を使って試料の差を客観的に評価するための検査

(b) 嗜好型官能検査：人はどのような試料を好むのか主観的な評価を調査するための検査

(4) 官能検査の方法

表 5.6.A に示すように官能検査の方法には，識別型手法と尺度化がある．

識別型手法には，代表的な方法として，二点識別法，三点識別法，一対比較試験法がある．

感覚に限らず人間の嗜好その他において，官能特性の評価を数字や他の表現で表そうとすることを“尺度化”という

表 5.6.A 官能検査の方法

分類	手法	概要
(a) 識別型手法	①二点識別法	2 種類の試料を評価者に提示しそれらの属性又は優劣を比較する方法．
	②三点識別法	同じ試料(A)2 点と，それとは異なる試料(B)1 点とをコード化して同時に評価者に提示し，性質が異なる 1 試料を選ばせる方法．
	③一対比較識別法	複数の試料が存在するとき，それらを 2 個ずつ対にして評価者に提示し，一対一比較を繰り返し試料の順位付けを行う方法．
(b) 尺度化	①順位法	指定した官能特性について，強度又は程度の順序に試料を並べる方法．
	②格付け法	あらかじめ用意され，かつ順位をもったカテゴリーに試料を分類する方法．

(5) 感性品質

官能検査は単なる“検査や評価”を行うだけでなく，感性に訴えるものづくり，感性を生かしたものづくりの品質として“感性品質”が注目されている．

感性品質 人の五感で感じる“見て，触って，聞いて，味わって，使って”などの品質感である人間が抱くイメージやフィーリングによって評価される品質

●出題のポイント

官能検査，感性品質は 2015 年のレベル表改定から追加されたので，今後出題が増える可能性があることから関係する用語とその意味を理解しておくとよい．

問題 5.6.1

[第 23 回問 12 ②]

【問 12】 次の文章において，[ ] 内に入るもっとも適切なものを下欄のそれぞれの選択肢からひとつ選び，その記号を解答欄にマークせよ．ただし，各選択肢を複数回用いることはない．

② この検査は，測定器や試験装置などを使用し，製品の品質を直接計測する検査や，人間の感覚（視覚・聴覚・味覚・嗅覚・触覚など）を測定器のセンサーとして，製品の品質を測定する [(74)] 検査の方法に分類される．

【[(72)] ～ [(75)] の選択肢】

ア．予測判定	イ．許容水準	ウ．官能	エ．基準	オ．合格判定基準
カ．調査指示	キ．特性値	ク．最適化	ケ．規定要求	コ．要因

3　級

第 6 章

品質経営の要素

6.1 方針管理

方針管理は後述する機能別管理（6.2 節）や日常管理（6.3 節）とともに，日本の品質経営を特徴付ける重要な品質マネジメント技法に一つである．方針管理の定義や活動のステップ（手順）などについて，概要をまとめる．

(1) 方針管理の定義

方針管理は次のように定義される[1]．

> **方針管理**
> 経営基本方針に基づき，長・中期経営計画や短期経営方針を定め，それらを効果的・効率的に達成するために，企業組織全体の協力のもとに行われる活動

ここで，方針とは，“トップマネジメントによって正式に表明された組織の使命，理念及びビジョン”，又は，“中長経営期計画の達成に関する組織の全体的な意図及び方向付け”である[2]．その内容は，①重点課題，②目標，③方策から構成されることが一般的である．トップマネジメントとは，“最高位で組織を指揮し，管理する個人又はグループ”[3] であり，通常，経営者を意味する．

(2) 方針管理の実施ステップ[1]

次に，方針管理の実施ステップを図 6.1.A に示す．フローの左側には，PDCA の活動ステップを併記した．管理のサイクルを回すという観点では同じである．

(3) 方針管理の運用ポイント

方針管理の運用にあたっては，次の三つのポイントがある．

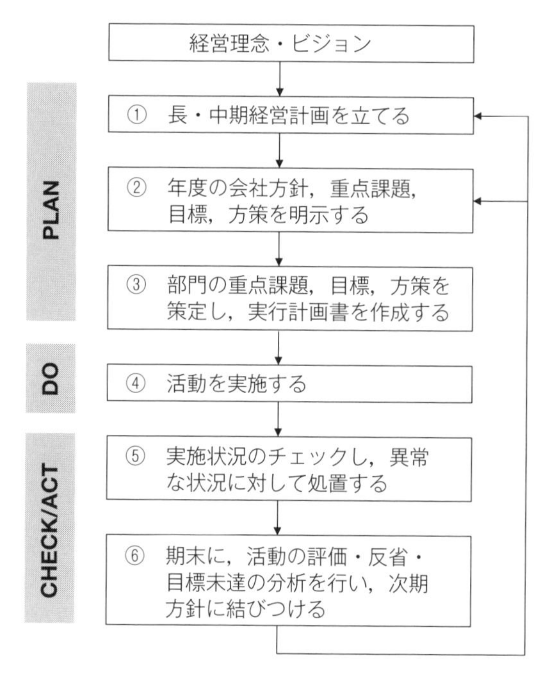

図 6.1.A　方針管理の実施ステップ
『クォリティマネジメント用語辞典』p.486 をもとに作成

(a)　トップマネジメントのリーダーシップ

方針管理は，経営理念やビジョン，経営基本方針のもとに展開されるので，トップマネジメントや上位管理者のリーダーシップが肝要となる．経営資源である予算，人材などの最適配分，さらに活動中の実情把握，不具合時の対応にも配慮が必要である．

(b)　方針の展開における上位部門と下位部門の連携

方針管理の展開にあたっては，上位方針を順次ブレークダウンして具体化していく．その際には，“すり合わせ”といわれる上下の部門間の調整によって，上位部門の重点課題，目標や方策と下位部門のそれらが，一貫性を保持しながら，下位に行くに従って，より具体的になることが重要である．上下部門間の意思疎通，意図の理解，及び関連組織の横の連携も目標達成のカギとなる．方針展開の体系図を図 6.1.B の階層で示す．

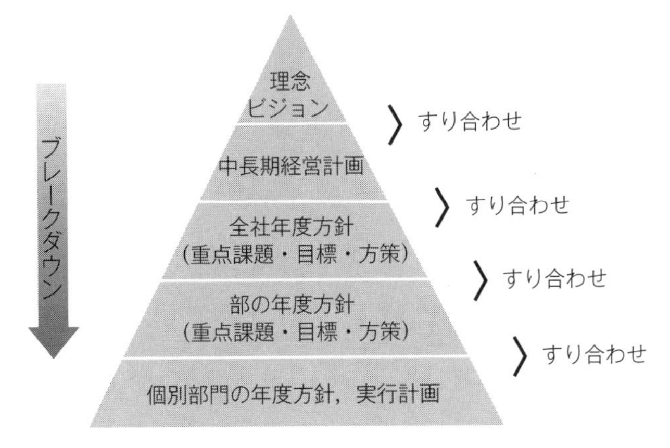

図 6.1.B 方針展開の体系

(c) 進捗状況のフォローと結果の評価，次期計画への反映

方針管理は，PDCA を回すという枠組みと関連が深い．進捗状況のフォローと結果の評価，次期計画への反映とは，PDCA の C と A である．当然ながら，期末には，目標の達成状況をフォローアップする．多くの企業組織では，期中（月例フォローも含む）の進捗状況のフォローアップがある．目標未達成ないし未達成のおそれがある場合には，早急な対策を講じなければならない．問題の予兆があるときこそ，トップマネジメントや上位管理者のリーダーシップが必要である．

(4) 方針管理と日常管理の関係

改めて，方針管理とは，企業組織の中長期経営計画からの重要課題を達成するために行う革新的活動である．一方，日常管理とは，業務分掌からの日常的な業務を維持向上させていく活動である．いわば，日常管理が円滑に遂行されている企業組織において，さらに発展するための革新的活動が方針管理のもとに実行されるわけである．方針管理と日常管理の関係を，図 6.1.C に示すように海上を航海する船舶に例えて説明することができる[4]．船舶が企業組織であ

図 6.1.C　方針管理と日常管理の関係
出所 『クォリティマネジメント用語辞典』p.562, 図 2, 日本規格協会

る．船舶は日常管理と機能別管理（6.2 節参照）だけでは，一定のスピードで同じ方向に進む．スピードアップや方向を変えるには，それだけでは不十分な場合もある．急な天候の変化にも対応できるように，すなわち，経営環境の変化にも柔軟に対応できるように方針管理が必要となってくるのである．

業務遂行上，方針管理と日常管理は相反するものではなく，相互補完的に関係が深い．実務上，職務を実行する段階では，方針管理の管理項目や管理指標と日常管理のそれらとが重複することもある．また，前期の方針管理の重点課題であったのが，今期では日常管理の項目になることもあり得る．

なお，方針管理に関する全体像は，JIS Q 9023（マネジメントシステムのパフォーマンス改善—方針によるマネジメントの指針）に明示されているので，参考にするとよい．また，JIS Q 9023 では，方針管理を“方針によるマネジメント”と表記しているが同義である．

引用・参考文献

1)　吉澤正編(2004)：クォリティマネジメント用語辞典，p.486，日本規格協会
2)　JIS Q 9023:2003，マネジメントシステムのパフォーマンス改善—方針によるマネジメントの指針
3)　JIS Q 9000:2015，品質マネジメントシステム—基本及び用語
4)　吉澤正編(2004)：クォリティマネジメント用語辞典，p.459，日本規格協会

●出題ポイント

問題の多くは，方針管理の定義，用語の意味，方針管理の実施ステップ（手順）である．これらを知っているかどうかがポイントなので，これらを確実に理解しておきたい．方針管理と日常管理の関係やPDCAとの関連なども理解しておくとよい．全体として，過去の問題に類似した問題が頻出するので，数年間の過去問題を復習することを勧める．

とりわけ，用語についてはJIS Q 9023:2003“マネジメントシステムのパフォーマンス改善—方針によるマネジメントの指針”から引用されることが多いので，JIS Q 9023を一読しておくとよい．

問題 6.1.1

[第 19 回問 16]

【問 16】　方針管理に関する次の文章で正しいものには○，正しくないものには×を選び，解答欄にマークせよ．

① 方針管理は，企業における製品またはサービスの開発や，品質をはじめとする競争力の維持改善活動や，企業体質の改善などを効果的に推進するために運営される．　(98)

② 方針管理を効果的に行うには，トップや上司の方針を達成するために実施計画書が具体的にできていることが重要である．　(99)

③ 組織内で方針管理が運用されていれば，日常管理（日常の維持管理）は実施しなくてもよい．　(100)

④ 方針管理では，当該年度の達成状況を把握したら終わりとし，次年度の方針は当該年度との関連をもたせずに新たに起こせばよい．　(101)

⑤ 方針管理の運用にあたっては，あらかじめ定められた期間で達成状況を把握し，その状況に応じて必要な措置をとるようにするとよい．　(102)

問題 6.1.2

［第 26 回問 13］

【問 13】　方針管理に関する次の文章において，［　　］内に入るもっとも適切なものを下欄のそれぞれの選択肢からひとつ選び，その記号を解答欄にマークせよ．ただし，各選択肢を複数回用いることはない．

① 中長期経営計画や短期経営計画などをもとに，設定された経営の方針に対し，企業組織全体の協力のもと，ベクトルを合わせ，［(73)］を回しながら達成していく一連の活動が方針管理である．さらにこの上位方針を下位方針にブレークダウンし，活動していく一連のプロセスが［(74)］である．

② 方針は，組織として重点的に取り組み，達成すべき重点課題，達成すべき目標，目標を達成するための方策を含めることが一般的である．この方針は，下位に展開していくに従い，内容がより［(75)］になることが求められる．

③ 達成すべき目標とは，重点課題の解決に向けた取組みの目指す到達点であり，実施結果について［(76)］であることが基本となる．この目標の設定にあたっては，達成すべき状態，達成期日，達成度を評価する尺度などを明確にする必要がある．目標を設定する際には、上位の目標および関係部門との［(77)］などを十分に行い，実現の可能性についての検討が必要である．

【［(73)］～［(75)］の選択肢】

ア．具体的　　イ．継続的改善　　ウ．プロセス　　エ．視覚的
オ．管理のサイクル　　カ．重点指向　　キ．方針展開　　ク．抽象的

【［(76)］［(77)］の選択肢】

ア．問題解決　　イ．報告可能　　ウ．すり合わせ　　エ．記録　　オ．測定可能
カ．見える化　　キ．水平展開

問題 6.1.3

［第22回問15］

【問15】　次の文章において，[　　] 内に入るもっとも適切なものを下欄の選択肢からひとつ選び，その記号を解答欄にマークせよ．ただし，各選択肢を複数回用いることはない．

方針管理は，企業における活動や体質の改善を効果的に推進するために，重要な取組みである．A社では，以下のように運営をしている．

① 創業者は，会社の存続・発展の指針として，仕事に対する思いを [(84)] にまとめ，全社で継承している．

② この [(84)] は，全従業員へ仕事に対する考え方を徹底するために [(85)] として作成され，新入社員の教育や記念式典での訓示として用いている．

③ 毎年 [(85)] に沿って，年度の取組み目標を [(86)] として作成し，全部門へ通達して方針を展開している．

④ 各部門は，この [(86)] を受けて，自部門の年度の取組みについて [(87)] を作成することで，方針に基づいた活動を推進している．

⑤ 各部門では，[(87)] に従って，メンバーの教育・訓練を行うとともに，目標達成に向けた活動を展開し，PDCAを回して方針管理を行っている．

⑥ 年度の活動が終了すると，全部門が参画し [(88)] を開催して目標が達成できたか評価を行う．

⑦ [(88)] で課題事項があったものについては，[(89)] に反映させて，課題を解決することで継続的改善を行っている．

【選択肢】

ア．内部監査　イ．社内標準　ウ．基本方針
エ．活動計画　オ．次年度の活動計画　カ．マネジメントレビュー
キ．QCサークルのテーマ　ク．年度方針　ケ．理念

6.2　日常管理

(1)　日常管理とは

製造工程では，日々トラブルや不適合品が発生している．これは，そのプロセスで行うべきことが適切に行われていないことに起因することが多い．それを防ぐには，まずはそのプロセスにおいて，するべきこと，してはいけないことを標準として定め，そのとおりに実施することが必要である．

しかし，こうした標準が整備されていたとしても，トラブルや不適合品の発生を完全に防ぐことは難しい．そのため，トラブルや不適合をいち早く検知して応急処置をとること，そして原因を調べ，対策を標準に反映して再発防止を行うことが重要である．このような活動が日常管理と呼ばれている．

なお，日常管理の指針を示したJIS Q 9026:2016では，日常管理を次のように定義している．

> **日常管理**
>
> 組織の各部門において，日常的に実施しなければならない分掌業務について，その業務目的を効率的に達成するために必要な全ての活動

また，機能別管理との対比で日常管理は“部門別管理”と呼ばれることもある．

(2)　日常管理の進め方

日常管理の進め方は業種・企業により様々であるが，ここでは文献2)を参考に日常管理の進め方の例を表6.2.Aに示す．

(3)　方針管理・機能別管理との関係

方針管理と日常管理の関係は，日常管理が各部門における管理運営であるのに対し，方針管理はトップからの方針に基づき現状打破を目指す活動である．

表 6.2.A　日常管理の進め方（例）

手順	概　　要	関連する活動やツール（例）
①	部門の分掌業務とその目的を明確にする．	業務分掌規程，QC 工程表など
②	目的のための管理項目と管理水準を定める．	QC 工程表など
③	目的を達成するため手順を明示した帳票などを整備する．	作業標準，作業マニュアルなど
④	③で規定された必要な要件（作業者への教育，材料，設備など）を準備する．	生産計画など
⑤	③の手順に従って実施する．	
⑥	管理項目と管理水準の状況を把握する．	管理図，工程能力調査など
⑦	②の基準から外れる状況を検知し，しかるべき措置をとる．	応急処置，再発防止，変化点管理，異常処置など

機能別管理と日常管理の関係は，日常管理が各部門における管理運営であるのに対し，機能別管理は品質や原価など特定の経営目的を達成するための部門間連携の活動である．

引用・参考文献

1）JIS Q 9026:2016，マネジメントシステムのパフォーマンス改善—日常管理の指針
2）吉澤正編(2004)：クォリティマネジメント用語辞典，p.575，日本規格協会
3）中條武志，山田秀編著(2006)：TQM の基本，p.159，日科技連出版社

●出題のポイント

QC 検定レベル表によると，日常管理の区分の下には，“業務分掌，責任と権限”，“管理項目，管理項目一覧”，“異常とその処置”，“変化点とその管理”が含まれている．

3 級ではこれらの内容を知識として理解していることが求められているので，これらを日常管理の流れの中でその意味と目的を押さえておくとよい．

問題 6.2.1

[第 12 回問 12]

【問 12】 日常管理に関する次の文章において，□内に入るもっとも適切なものを下欄の選択肢からひとつ選び，その記号を解答欄にマークせよ．ただし，各選択肢を複数回用いることはない．

① 日常管理で問題が発生すれば，不具合に対する (56) を行う．日常管理の活動には，現状を維持する SDCA サイクルの活動と，好ましい状態へ改善していく (57) サイクルの活動がある．

② 日常管理を行うには，作業・業務の結果として測定される成果の指標，例えば，不具合件数，不適合品率，営業成績など企業としての品質に関する結果である (58) と，これらの結果を生み出しているプロセス系の管理項目である (59) を監視することが必要である．

③ 日常管理の方法として，課長などの管理者は，業務目的の達成度合を評価できるよう結果系で管理することが多く，実行する立場である係長や担当者はその要因系である個々の業務や作業をチェックする方法がある．このように，職位に応じて役割分担し，確実に管理していくことが大切であり，適正な管理を行うには，管理尺度となる“ものさし”と，その“ものさし”で測った場合の (60) を設定することが大切である．それを実施するために，チェックの間隔，役割分担を決定し，それを (61) や業務管理表にまとめる．

【選択肢】

ア．改善活動	イ．結果系管理項目	ウ．管理水準	エ．QC 工程表
オ．管理尺度	カ．4M	キ．PDCA	ク．PDPC
ケ．特性要因図	コ．要因系管理項目		

問題 6.2.2

［第19回問14］

【問14】　次の文章において，［　］内に入るもっとも適切なものを下欄のそれぞれの選択肢からひとつ選び，その記号を解答欄にマークせよ．ただし，各選択肢を複数回用いることはない．

C社では顧客の定期品質監査があり，現場で顧客の質問に当該工程担当の技術スタッフが説明している．

監査員　：このA部品とB部品を接合するスポット溶接の強度は重要ですが，どのように保証しているのですか？

スタッフ：スポット溶接強度が規格を満足することができるかについては，生産準備段階で［(84)］で確認しました．分布は一般型であり，C_p 値は1.42で C_{pk} 値は1.35でした．

監査員　：そうですか．［(85)］は十分で，ばらつきおよび［(86)］ともに問題なかったということですね．では，日常管理はどのようにしているのですか？

スタッフ：はい．スポット溶接強度は［(87)］検査になるため全数確認はできません．現在は作業の休憩時間を一区切りとして，この間に5個サンプリングして試験機で強度確認し，［(88)］管理図で管理しています．

監査員　：なるほど．しかしこの溶接は重要工程であるため，それだけで全数の保証にはならないと思うのですが？

スタッフ：はい．この溶接強度については全数保証が基本と考えております．スポット溶接強度は溶接時の電流値と関係があるため，この電流値について全数管理するようにしています．

監査員　：なるほど．スポット溶接時の電流を，スポット溶接強度の［(89)］として管理しているわけですね．ということは，この電流値をしっかり管理しないといけないですね．

スタッフ：はい．この管理すべきスポット溶接時の電流値を決める際には，電流値と溶接強度の関係を［(90)］で確認しました．その結果，我われが実用とする範囲では，電流値が上がると溶接強度が増す，この関係が顕著であることを把握し，管理すべき電流値を決めました．

監査員　：なるほど．スポット溶接強度と電流値間には［(91)］の相関があるということですね？

スタッフ：そうです．そして質問のあったこの電流値の管理ですが，作業の休み時間後の始業時に電流値を測定し，その結果を［(92)］に記録しています．さらに，この電流値が誤操作などで規格から外れた場合は，警報を発し機械が停止する［(93)］も設置しております．

監査員　：そうですか．安心しました．

【［(84)］～［(88)］の選択肢】

ア．$X-Rs$　イ．かたより　ウ．生産体制　エ．np　オ．ヒストグラム
カ．出荷　キ．工程能力　ク．破壊　ケ．標準　コ．$\overline{X}-R$

【［(89)］～［(93)］の選択肢】

ア．FP（Foolproof）　イ．チェックシート　ウ．特性要因図　エ．散布図
オ．強い正　カ．標準　キ．代用特性　ク．強い負
ケ．パレート図　コ．PM（Productive Maintenance）

問題 6.2.3

[第25回問16]

【問16】 日常管理に関する次の文章において，[　　] 内に入るもっとも適切なものを下欄のそれぞれの選択肢からひとつ選び，その記号を解答欄にマークせよ．ただし，各選択肢を複数回用いることはない．

日常管理とは，組織のそれぞれの部門において，日常的に実施されなければならない分掌業務について，その業務目的を効率的に達成するために必要なすべての活動をいう．

A社では，次のとおり日常管理を行っている．

① 日常管理を実施するにあたっては，部門ごとに管理すべき項目を [(88)] にまとめ，それらに関する役割分担を明確にすることで，全体が間違いなく管理できるように配慮している．

② 各部門では，日常管理の項目を決める際は，できばえの品質だけでなく，コストや [(89)] ，さらには安全なども対象に検討している．

③ この日常管理の項目の中には，企業や組織全体の目指す状態を実現するために設定された [(90)] に関連する項目から，各部門に期間限定でブレイクダウンされた項目についても，管理の対象としている．

④ 日常管理の推進においては，各部門での朝会等による [(91)] や，行動計画の確認を行うことで全員に徹底や，実施状況のフォローを行っている．

【[(88)] ～ [(91)] の選択肢】

ア．業務連絡　イ．納期（時期・量）　ウ．できばえの品質　エ．応急管理
オ．方針管理　カ．出勤率　キ．管理項目一覧表　ク．再発防止処置
ケ．検討会　コ．職務分掌

⑤ 各部門は，日常管理の確実な実行を徹底するために，実施後には [(92)] を残すことで，実施したことおよびその結果を確認できるようにしている．

⑥ 各部門は，日常管理を全員で共有できるようにするために [(93)] を工夫し，状況を現場に掲示している．

⑦ 職場を安定かつ快適に維持するためには，構成員一人ひとりの役割認識や行動が大切で，整理整頓など [(94)] についても日常管理の一つとして役割分担・評価の具体的展開に取り組んでいる．

【[(92)] ～ [(94)] の選択肢】

ア．予測予防　イ．ねらいの品質　ウ．5S　エ．変化点　オ．工業標準化
カ．見える化　キ．すり合わせ　ク．実施記録

問題 6.2.4

[第 21 回問 16]

【問16】　日常管理に関する次の文章で正しいものには○，正しくないものには×を選び，解答欄にマークせよ．

① 各部門には業務分掌で定められた仕事があるが，その業務目的を効率的・効果的に達成するために必要な活動に日常管理がある．　(92)

② 日常管理は現状を維持する活動を基本としており，維持向上を目的とした活動とは異なるものである．　(93)

③ 日常管理では，仕事のやり方は標準に基づく必要はない．　(94)

④ 毎日同じように行われている日常業務でも，いろいろな事情で従来の方法を変えて作業を行わなければならない状況が発生するので変更管理が重要である．　(95)

⑤ 日常管理では，品質トラブルあるいは工程異常に対しては応急処置だけを行えばよい．　(96)

⑥ 日常管理では，品質だけでなく，コスト，納期，安全，モラールなども管理対象となる．　(97)

6.3　標準化

(1)　標準化の目的・意義・考え方

“標準”とは，ルールや規則・規制などの“取り決め”のことであり．“標準化とは，“標準”を意識的に作って利用する活動のことである．標準化をもっとわかりやすく表現すると，“様々な関係者の合意を得て，規格を確立し，活用していくこと”である．

標準化の身近な例では，乾電池やパソコンの接続などがあり，どの国のどのメーカーでも同じ仕様となっている．また，非常口を示したピクトグラムと呼ばれる絵文字の表記も国際的に共通化（標準化）されている．このように標準化は，様々な人々に多くのメリットをもたらしており，このことが標準化の意義といえる．また，標準化の主な目的には，①製品の互換性・インターフェースの整合性確保，②生産効率の向上，③製品の適切な品質確保，④正確な情報の伝達・相互理解の促進がある．標準化の目的と内容を表 6.3.A にまとめる．

表 6.3.A　標準化の目的

目　的	内　容
製品の互換性・インターフェースの整合性確保	乾電池，ボルト・ナット，コンセント，インターネット接続など互換性・整合性確保
生産効率の向上	ねじ，ボルトなどの部品や鉄鋼材料は形状や成分，性能により，種類が単純化
製品の適切な品質確保	規格（標準）に対する認証（適合性評価）により，製品の品質を確保
正確な情報の伝達・相互理解の促進	用語，記号，計量単位，試験評価方法，安全度，表示等について技術基盤を統一

(2)　社内標準化とその進め方

社内標準化とは，会社などの組織内における標準化のことで，社内の関係者の同意に基づき，さらに社外の関連規格との調和を図りながら，仕事のやり方，生産方法，製品・材料の仕様などを単純化・統一化しつつ，最適になるように基準を制定・改訂し，それを活用することである．顧客に提供する製品やサービスの品質保証，生産・業務の効率化・合理化，コスト低減，安全の確保や環境保護などを図り，それによって会社の利益をあげることを目的にした活動である．

社内標準化を確実に進めるためのポイントは，①推進組織の体制づくり，②啓蒙と教育・訓練，③社内標準化の計画と実施，④社内標準の管理（作成→実施→チェック→改訂のPDCA）である．

(3)　産業標準化，国際標準化

産業標準化においては，日本では，産業標準化法に基づいて“日本産業規格の制定”と“日本産業規格への適合性に関する制度（JISマーク表示認証制度及び試験所登録制度）”が運営されている．日本産業規格の略号として“JIS”（ジス）が用いられており，広く普及している．JISには，①基本規格，②試験方法規格，③製品規格がある．日本産業規格は，国家標準と呼ばれるものであるが，このような標準は，階層構造をもつ適用範囲によって，五つに分類される．表6.3.Bに分類と代表例を示す．

表6.3.B　標準の分類と代表例

分　類	代表例
国際標準	ISO（国際標準化機構），IEC（国際電気標準会議）
地域標準	CEN（欧州標準化委員会），CENELEC（国際電気標準化会議）
国家標準	JIS（日本），ANSI（米国），DIN（ドイツ），BS（英国）
団体標準	ASTM（米国材料試験協会），ASME（米国機械学会）
社内標準	各企業の社内標準

●出題のポイント

標準化の出題範囲は，言葉として，“標準化の目的・意義・考え方”，“社内標準化とその進め方”，“産業標準化，国際標準化”について理解しておくこととなっている．

“標準化の目的・意義・考え方”に関しては，特に標準化の目的について，一通り学習しておくことが望まれる．標準化の主な目的である，製品の互換性・インターフェースの整合性確保，生産効率の向上，製品の適切な品質確保，正確な情報の伝達・相互理解の促進については，その内容についても理解しておきたい．

“社内標準化とその進め方”に関しては，社内標準の現場での適用にかかわる出題が多いので，仕事を通じて，社内標準をどのように現場に展開しているか再確認するとよいであろう．

“産業標準化，国際標準化”については，概要解説の内容を理解することで対応が可能であろう．

問題 6.3.1

［第 10 回問 19］

【問 19】 標準化に関する次の文章で正しいものには○，正しくないものには×を選び，解答欄にマークせよ．

① 標準化は，繰り返し生産するものについて定めるものであるから，多品種少量生産の場合には，標準化ではなく，作業者の教育・訓練で対応すべきである． (93)

② 標準は，文書の形で定められるべきであり，限度見本のように時間の経過とともに変化する可能性のあるものは，参考にするものであり，標準とはいえない． (94)

③ 標準化した作業方法が守られている場合には，不適合品はできないので，製品を確認する検査などは必要ない． (95)

④ 標準化は，生産場面ばかりでなく，設計段階の活動についても重要である． (96)

問題 6.3.2

［第 16 回問 18］

【問 18】　標準化に関する次の文章において，［　　］内に入るもっとも適切なものを下欄のそれぞれの選択肢からひとつ選び，その記号を解答欄にマークせよ．ただし，各選択肢を複数回用いることはない．

① 職場には，業務を行うために複数の人たちがいる．そこで，業務を処理する方法が明示されていなければ，各自勝手な考えで行動してしまう．この業務を効率よく遂行するためには，統一されたルールが必要でありルールに従って仕事を進めていくことによって，良い仕事ができることにつながることになる．この決められたルールが［(103)］である．

② お客様に対し，良い品質の製品やサービスを継続して提供していくために，繰り返して行われる企業活動について，最適な仕事が行われるようにやり方などを統一する必要がある．これが［(104)］である．［(104)］は関係する総ての人々のチームワークによって，組織的に進められるものである．

【［(103)］［(104)］の選択肢】

ア．標準化　　イ．個人技　　ウ．法令　　エ．経営理念　　オ．標準
カ．ワークフロー

③ 鉱工業に関する標準化を特に工業標準化といい，現在では国際的・国家的な規模で実施されているほか，団体や各企業においても活発に実行されている．企業単位で行うものを［(105)］標準化と呼び，近代的な企業経営に欠くことのできない基礎的条件とされている．［(105)］標準化にあたっては，技術や経験を結集して，関係者の同意のもとに，統一化・単純化が図られるように，仕事の仕方と管理の基準を設定する．そして，標準が守られるように，必要に応じて周知や［(106)］を実施していく．さらに標準が良い状態なのかどうかを事実に基づくデータで［(107)］していく．もし，標準どおり業務を行って問題が発生したときには，標準の内容を検討し，必要があれば，標準の改定を行う．

【［(105)］～［(107)］の選択肢】

ア．社内　　イ．教育　　ウ．企業　　エ．業務命令　　オ．管理

問題 6.3.3

[第18回問15]

【問15】 製造作業の標準化に関する次の文章において，[　　] 内に入るもっとも適切なものを下欄のそれぞれの選択肢からひとつ選び，その記号を解答欄にマークせよ．ただし，各選択肢を複数回用いることはない．

① 製品に対する要求事項である製品の品質，納期および [(87)] を製造工程において確実に確保するために，製造工程のコントロール因子である作業者，生産設備，材料および [(88)] を管理する必要がある．

② これらを管理するための標準として，[(89)] および生産システムに関して，基本的な内容を定めた [(90)] と製造現場で実際に物を作る作業について具体的な内容を定めた製造作業標準がある．

③ 製造作業標準とは，[(91)] で定められた材料や，[(92)] で定められた部品を用いて加工し，製品規格で定められた品質の製品を作り上げるために，作業内容，作業者の力量，使用設備，使用材料・部品，作業手順，作業上の注意事項などを定めたものである．

④ 製造作業の標準化により品質の安定，[(93)] の発生防止，作業能率の向上，作業安全の確保をはかることができる．

⑤ 製造作業標準は，製造現場の運用管理の基準として，作業方法の指導・訓練をしやすくし，また技術の向上・革新のための基礎として，[(94)] の蓄積，ノウハウの伝承に大きく貢献する．

【[(87)] ～ [(90)] の選択肢】

ア．作業標準　イ．原価　ウ．生産準備　エ．製品規格
オ．生産技術　カ．検査技術　キ．作業方法　ク．製造技術標準

【[(91)] ～ [(94)] の選択肢】

ア．適合品　イ．部品規格　ウ．検査標準　エ．品質
オ．不適合品　カ．標準　キ．技術　ク．材料規格

問題 6.3.4

［第 20 回問 19］

【問 19】　標準化に関する次の文章において，［　　］内に入るもっとも適切なものを下欄の選択肢からひとつ選び，その記号を解答欄にマークせよ．ただし，各選択肢を複数回用いることはない．

ある組織では，顧客や社会のニーズを満たす製品を提供していくための基礎として，標準の遵守を重視して日常業務を進めている．しかし，標準化の実態を調査したところ，標準を遵守することの重要性など，標準化がなぜ必要かという意義や，標準化による利便が理解されていないことがわかり，次の事項を組織内へ啓発し，浸透することにした．

① 標準化は，組織の人々がもっているノウハウや技能を組織内に［(102)］し，技術の伝承を促進する．

② 標準化により，業務のやり方や材料・部品の統一・［(103)］を図ることができ，コストの低減に貢献する．

③ 標準化により，手順，手続きなどの業務のやり方の統一や，データを共有することができるようになり，業務を［(104)］にかつ迅速に遂行できるようになる．

④ 標準化により，業務のやり方の明確化と統一化が進むと，部門内や部門間，また顧客との間の情報伝達が容易になり［(105)］が促進する．

⑤ 品質に関する規定などで製品品質の基準を明確にすることができ，また作業標準などで 5M（作業者，機械，材料，作業方法，測定方法）に起因する［(106)］が低減されるなど，標準化により品質の安定や向上が図られる．

【選択肢】

ア．暗黙知化	イ．相互理解	ウ．単純化	エ．不作為	オ．正確
カ．複雑化	キ．ばらつき	ク．多様化	ケ．蓄積	コ．無秩序化

問題 6.3.5

[第26回問16]

【問16】 次の文章において，[　　] 内に入るもっとも適切なものを下欄のそれぞれの選択肢からひとつ選び，その記号を解答欄にマークせよ．ただし，各選択肢を複数回用いることはない．

① 統一や単純化をし，関係する人たちが公正に利益や利便が得られることを目的に，ものや手順などについて定めた取決めが [(90)] である．そして，この取決めのうち製品・サービスに関する技術的な事項が [(91)] である．この取決めは，関係者の [(92)] によって確立され，公認機関（行政機関，業界内・社内組織など）によって [(93)] されることが一般的である．

② この取決めを設定し，活用するための組織的な活動が [(94)] 活動である．この活動の目的には，代表的なものとして，次のものがある．

a) 例えば，ものづくりの場面では，用語・記号・製図などを統一することで，設計者の意図を容易に関係者に伝えることができることを実現する “[(95)] の促進”．

b) 劣化した照明器具の交換品が容易に入手できる，という “[(96)] の確保”．

c) 乾電池はいろいろなサイズが考えられるが，これを統制しなければ種類が増え，消費者にとって正しい対象品を選定することが複雑・困難になり，確保しておく予備品の量が多くなるなどの好ましくない状態が起こる．こうならないようにするための“[(97)] の調整”．

【[(90)] ～ [(93)] の選択肢】

ア．規格　イ．歯止め　ウ．合意　エ．原因分析　オ．承認
カ．校正　キ．標準　ク．議事録　ケ．資格制度　コ．伝承

【[(94)] ～ [(97)] の選択肢】

ア．標準化　イ．多様性　ウ．認証制度　エ．相互理解　オ．両立性
カ．貿易障害　キ．機能別管理　ク．健康・安全　ケ．互換性

6.4 小集団活動

(1) 定 義

小集団活動とQCサークルの言葉をほぼ同じ意味として出題される場合が多いが，定義としては図6.4.Aのような概念で捉えている．小集団活動の中に，同じ職場で集まって活動する職場別グループと，ある目的のために組織された目的別グループとがある．前者は通常QCサークルと呼ばれ，後者はプロジェクトチームやタスクフォースと呼ばれることがある．

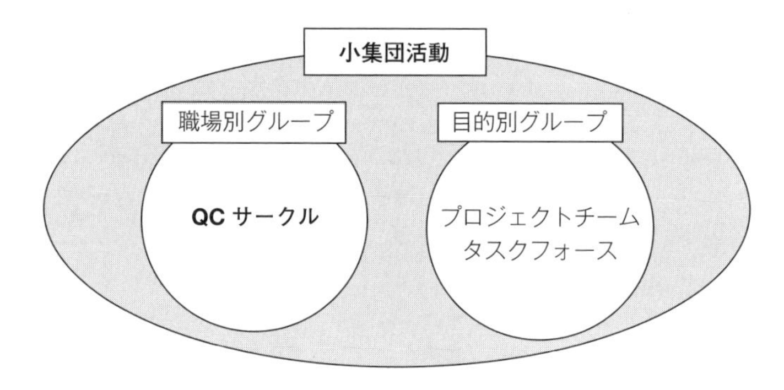

図6.4.A 小集団活動の種類

QC検定での出題は本書に収録した問題6.4.1のように“小集団活動”として問う問題と，問題6.4.2のように“QCサークル活動”として問う問題とがあるが，二つの活動はほぼ同じ意味で捉えて，進め方やあるべき姿について問う形になっている．日本における品質管理では，小集団活動が同じ職場のメンバーで構成されるQCサークルとして発展してきた経緯があるため，小集団活動として問う場合にも，QCサークルとして問われていると考えて大きな矛盾は生じない．

小集団活動は日本の品質管理の変遷の中では，QCサークル活動の全国展開を図る中で，その要点が『QCサークルの基本』(『QCサークル綱領』から1996年に改称）としてまとめられてきている．

ここでは，QCサークルについての定義，基本的な進め方，活動の目的，経営者・管理者の関与の仕方，サークル活動の基本理念という内容が記述されている．よく取り上げられるのは自発的な活動である点であり，昨今の働き方改革の動きなどから，取組内容等は自発的な活動ではあるものの就業時間内での運用をする業務扱いとする場合もあり，注意する必要がある．

QC サークルが自発的な活動であることが重要なのは，活動の成果を求めるだけでなく，活動を進める中において自己啓発，相互啓発による自己実現を目指すことにある．これは，活動を継続的に行わないとメンバー間の相乗効果が得られにくいため，目的別グループのように問題・課題によりグループが組織される場合と異なる部分である．

(2) 概　要

小集団活動の詳細について，日本品質管理学会規格 JSQC-Std 31-001:2015（小集団改善活動の指針）に，小集団活動の品質管理における位置付けとして，効率的な組織運営を実現する活動としている．職場に密着した活動であり，全員参加を原則とし，発表会・報告会等による評価であり，職制とは異なるものとされている．よってメンバーの中から選ばれたリーダーには，メンバー間のコミュニケーションを活発にさせてメンバーのチームワークを維持することが求められる．

小集団においての取組みは，製造部門だけでなく事務間接部門のようなサービスに関する取組みにも広がっている．その取組み内容や方法については事例を参照することで具体的になるため，活動事例の一部を引用する設問も多い．問題解決・課題達成を小集団活動において進める中で，QC 的な考え方・手順・手法を活用することが大切であることから，活動において QC 七つ道具，新 QC 七つ道具がよく使われる．そのため，小集団活動を進めるためには基本的な手法の使い方や特徴を把握して使いこなせるようにしておくことが必要である．また，活動の流れとして QC ストーリーによるステップの適用も心掛けるとよい．これは，活動を手戻りなく効率よく進めるためだけでなく，問題・課題の把握から解決に至るまでの流れを，周囲の関係者にもわかりやすくすることができるからである．問題解決・課題達成のプロセスが見えるようになるため，原因究明や対策検討のプロセスが関係者にも事例として把握できる．組織の中で共有化し水平展開を行い，大きな効果につなげることもやりやすくなる．

このように小集団活動はいろいろなタイプが存在するが，現場における改善活動の主たる存在であることが多く，活動内容の結果がその組織のパフォーマンスに大きく影響するものである．小集団活動は経営環境の変化が著しい中で，組織を構成する人たちの自己実現を目指し，組織全体として効果をあげることに工夫を続けている．

引用・参考文献

1）　日本品質管理学会規格 JSQC-Std 31-001:2015，小集団改善活動の指針
2）　QC サークル本部編(1996)：QC サークルの基本，日本科学技術連盟

●出題のポイント

小集団活動に関する出題で重視されているテーマは次の三点である．

(1)　小集団活動のあるべき姿

小集団活動のあるべき姿，活動方法は『QC サークルの基本』の内容に沿って考えること大切である．その中でも QC サークル活動の基本理念が核となる“QC サークル活動とは”については多くの書籍に引用されていて，重要なポイントとなっている．

(2)　活動内容とその進め方

問題解決・課題達成を小集団活動で進めるとき，QC 的な考え方・手順・手法を活用する事が大切であり，以下の内容・使い方が設問に取り込まれている．

・QC 七つ道具，新 QC 七つ道具

・問題解決型 QC ストーリー，課題達成型 QC ストーリーの活動ステップ

学習へのアドバイスとして,『QC サークルの基本』の内容をきちんと把握するとよい. また, 小集団活動が職場別グループと目的別グループに分けて考えられるため, それぞれの特徴についても把握しておきたい.

取組み事例が設問として取り上げられており, QC 的な考え方を具体的な場面を想定して使えるように, QC 七つ道具, 新 QC 七つ道具の各手法についての概要を理解する. また, QC ストーリーの手順と内容を把握しておく必要がある.

問題 6.4.1

［第 15 回問 15］

【問 15】 小集団活動の進め方に関する次の文章で正しいものには○，正しくないものには×を選び，解答欄にマークせよ．

① 小集団活動は，活動そのものがあまり楽しいと，本業の仕事をやらずに小集団活動ばかりやるようになるので，大きな苦労や多少の不満があるほうがよい． (70)

② 小集団活動の事例発表会には，企業のトップや職場の上司が可能な限り出席し，苦労をねぎらい，能力向上の様子を評価してほめてあげることも，さらなる活性化につながる． (71)

③ 小集団活動は，活動の自主性を重視している．したがって，職場の管理者は小集団活動に対して指導は行わないほうがよい． (72)

④ 小集団活動は，成果を出すことが大切であるから，リーダーは常にベテランの作業者が担当するほうがよい． (73)

問題 6.4.2

［第 21 回問 12］

【問 12】 QC サークル活動に関する次の文章において，［　　］内に入るもっとも適切なものを下欄のそれぞれの選択肢からひとつ選び，その記号を解答欄にマークせよ．ただし，各選択肢を複数回用いることはない．

① QC サークル活動は，第一線の職場で働く人々が積極的に (65) に参画する方法であり，“人材育成と職場の活性化を通じて，企業の体質改善に寄与する (66) 活動である”と定義付けられる．

【 (65) (66) の選択肢】

ア．仕事　　イ．トップダウンの　　ウ．自主的な　　エ．組織　　オ．経営

② QC サークル活動活性化の側面からの支援には， (67) の役割が極めて重要であり，その役割は，QC サークル活動がスムーズに実施できるように， (68) することである．また， (67) 自らも (69) などの全社活動に率先して取り組むことが要求される．

【 (67) ～ (69) の選択肢】

ア．サークルメンバー　　イ．サークルリーダー　　ウ．管理者　　エ．TQM

オ．小集団活動　　カ．強制　　キ．管理　　ク．指導

問題 6.4.3

［第 22 回問 16］

【問 16】 QC サークル活動に関する次の文章で正しいものには○，正しくないものには×を選び，解答欄にマークせよ．

① 力をつけた QC サークルは，会社の方針や目標と関連をもった職場の問題を取り上げ，自主的にテーマとして選定できるようになる．　(90)

② QC サークル活動は，身近な問題の改善を図っていくものなので，専門技術や解析技法を必要とすべきでない．　(91)

③ QC サークルのテーマとして“標準類の制定・改定”は，会社の正式文書に関することなのでテーマとしてふさわしくない．　(92)

④ QC サークル活動の導入を全社的な立場で一斉に行うときには，QC サークルに対する経営者としての方針を明示し，QC サークル推進のための事務局の設置，QC サークル活動の目的とその進め方の手引の作成と配布，QC サークルの推進者やリーダー候補者を対象とした教育などを導入に先立って行うことが重要である．　(93)

⑤ QC サークル活動は，自主性を重んじており，強制によって行われるものではないので，経営者や管理者はその活動に関与すべきでない．　(94)

問題 6.4.4

［第 10 回問 17］

【問 17】　次の QC サークル紹介，製品の概要，並びに現状把握の状況を読んで，それぞれの設問の指示に従って答えよ．

結成間もない組付工程の QC サークルが，職場で発生している品質問題の中から“プラスチック部品 A の傷不具合対策”をテーマに取り組むことにした．私は，このサークルのアドバイザーであり，常に的確なアドバイスを心がけている．なお，この職場の課長品質方針は，“外観不具合の撲滅”である．

ステップ 1：背　景

このサークルは，プラスチック部品 A の量産を開始するにあたって新設された職場の QC サークルで，リーダーと一部のメンバーを除けば，問題解決の経験が浅い．この活動は，このサークルが初めて取り組むテーマである．問題解決の手順に沿った進め方を体験してほしいと考えて，取り組むポイントをアドバイスしてきた．

ステップ 2：製品の概要

この部品は，生産を開始して間がなく，幅が 40cm，高さ 25cm，厚さ 3cm ほどのプラスチック製の部品に塗装をしたものである．前工程の職場で塗装した半製品（製造途中にある製品）の供給を受け，当職場の部品組付の工程で，半製品を固定する道具と組付工具を使用して組み付けて，完成品にするもので，製品表面は利用者からよく見えるため，外観品質が厳しく求められ，わずかな欠点も許されない製品である．工程の概要は次のとおりである．

塗　装 ⇒ **部品組付** ⇒ 完成品検査 ⇒ 箱　詰

ステップ 3：QC サークルが行った今日の現状調査の状況

① 今日は，午前に 4 個，午後に 6 個，合計 10 個の不適合品があった．
② 生産数は，午前 180 個，午後 240 個と普段と変わりなく，不適合品数も普段と差はなかった．
③ 不適合品 10 個には，すべて表面に傷が発生していたが，傷以外の外観不具合はなかった．
④ 1 個の製品で，2 か所に傷のある製品もあった．
⑤ 傷は，長さが 1.5mm から 3mm の大きさで，上から下に向かって引っかいたようなものと，右斜め上から左下に向かって引っかいたようなものの 2 種類があり，傷の幅は 1mm 程度，深さはほとんどないが，光の当て方によってはよく目立つものであった．
⑥ すべての不適合品を集めてみたところ，製品の右上隅部付近に 1 か所の傷が発生しているものが 9 個，右上隅部付近と左下隅部付近の両方に 1 か所ずつの傷が発生しているものが 1 個であった．
⑦ 右上付近と左下付近を除いた他の部位には，傷の発生は見られなかった．
⑧ 傷は，すべてが塗装の後（塗膜面）に付いたものであることもわかった．

〔1〕次の文章において，[　] 内に入るもっとも適切なものを下欄の選択肢からひとつ選び，その記号を解答欄にマークせよ．ただし，各選択肢を複数回用いることはない．

“改善手順”のステップである“目標設定”“要因の解析”に進むにあたり，上述の現状調査の結果と取り組む考え方を次のように整理した．

① この事例の傷不具合は [(79)] であり，“要因がどうなったときにこの不具合が生じるのか”を見つけ出す必要がある．

② 全く発生していない部位と集中的に発生している部位とにどんな [(80)] があるのかに着目する必要がある．

③ 塗装後の傷付きであることがわかったので，[(81)] 工程も含めた検討が必要である．

④ 傷の大きさや引っかいた方向に注意して [(82)] を観察する必要がある．

⑤ 目標は，課長品質方針で“外観不具合の撲滅”が掲げられていることと，現状調査の結果も考慮すると，[(83)] を目標に掲げて取り組むとよい．

【選択肢】

ア．差（違い）　イ．傷不具合“半減”　ウ．慢性的不具合　エ．前　オ．データ
カ．傷不具合“0（ゼロ）”　キ．散発的不具合　ク．後　ケ．現場

〔2〕次回のサークルの会合で取り組む“現地・現物調査”について，アドバイスしようと思う内容の次の文章で正しいものには○，正しくないものには×を選び，解答欄にマークせよ．

① 現場調査の着眼点を明確にするため，特性要因図を作成することにした．そのために大きい紙を現場に張り出し，気付いたことを何でも書き出してもらうようにしたが，用意した特性要因図は，現状調査の結果を生かして，

a) 製品の右上隅と左下隅に引っかき傷が発生する．

b) 傷は上から下方向に引っかかれている．

c) 傷は右斜め上から左下方向に引っかかれている．

と，それぞれの特性を書いた，合計3枚の特性要因図を現場に掲示するとともに，“左上隅と右下隅には引っかき傷が発生していないことに注目しなさい”との注意書きを添えることにした．
[(84)]

② 前工程より持ち込まれた半製品に傷不具合がないかの検査は，前工程の行うべき役割と考えたので，自工程では検査を行わず作業に取りかかることにした．[(85)]

③ 不適合品の10個から，代表的・特徴的なものを選び，不適合見本として現場に掲示する．
[(86)]

④ 次回のサークルの会合までの間に，傷不具合品が発見されたときは，その都度，すぐにサークルメンバー全員が集まることとし，私が課長に説明して了解を得た．[(87)]

問題 6.4.5

［第 8 回問 16］

【問 16】　次の（Ⅰ）～（Ⅴ）の文章は，ある QC サークルが実施した改善活動を簡潔にまとめたものである．文章を読んでそれぞれの設問に答えよ．

（Ⅰ）私たち 10 人（A，B，C，…，J）はあるスーパーでレジを担当していますが，最近，お客様からの苦情が多くなってきています．お客様から寄せられた苦情について，メンバー全員に思い当たることがあるかどうか調査を行い，図 1 にまとめました．

（Ⅱ）“待ち時間を短くすること”をテーマに決め，100 人分の待ち時間のデータを集めて，図 2 にまとめました．5 分以上待たされている人が全体の 2 割ほどいて，その人たちから“待ち時間が長い”という苦情が多いことがわかっていたので，最大の待ち時間を 5 分以内にすることを目標にしました．

（Ⅲ）どうして“待ち時間が長くなる”のか，その要因を分析するために，図 3 を作成しました．これより“各レジの待ち人数にムラがある”など，三つの重要な要因が明らかになりました．

（Ⅳ）明らかになった三つの重要な要因に対して，図 4 を作成し，対策を検討しました．

（Ⅴ）対策の実施後，待ち時間の調査を行ったところ，最大でも 4 分 45 秒で，目標を達成することができました．

＜設問＞

① 文章（Ⅰ）～（Ⅳ）の中の下線が引かれている図 1 から図 4 のそれぞれについて，図（の一部）と名称として，次の表の □ 内に入るもっとも適切なものを下欄の選択肢からひとつ選び，その記号を解答欄にマークせよ．ただし，各選択肢を複数回用いることはない．

	図（の一部）	名　称
図 1	(77)	(81)
図 2	(78)	(82)
図 3	(79)	(83)
図 4	(80)	(84)

【(77) ～ (80) の選択肢】

ア．

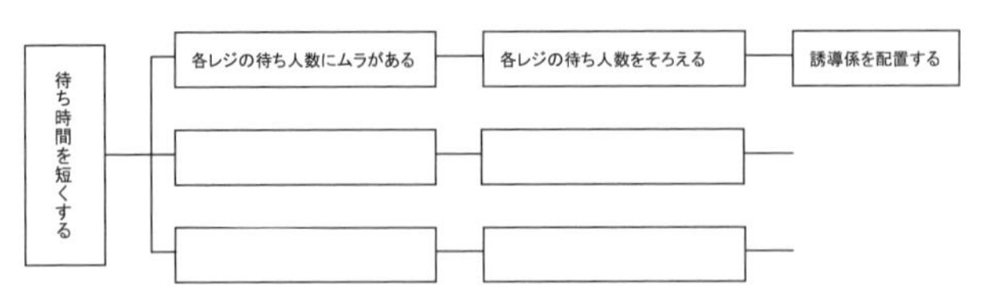

イ.　　　　　　　　　　　　　　　　　ウ.

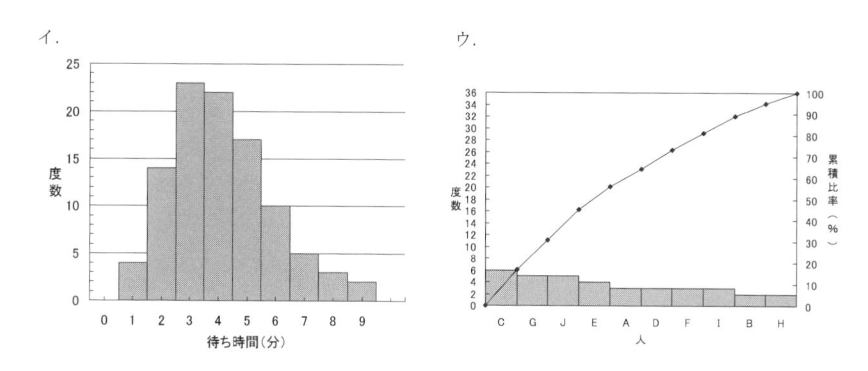

エ.

各レジの待ち人数にムラがある

お客さまがいくつかのレジに集中する

レジ数が少ない

待ち時間が長い

買い物点数にムラがある

スペースが少ない

処理時間が長い

オ.

苦　　情	メンバー										該当数
	A	B	C	D	E	F	G	H	I	J	
待ち時間が長い	✤	✤	✤	✤	✤	✤	✤	✤	✤	✤	10
間違いが多い					✤		✤				2
処理に時間がかかる	✤	✤			✤		✤			✤	5
他の列のほうが早い	✤		✤	✤		✤		✤	✤	✤	7
…											…

【 (81) ～ (84) の選択肢】

ア．パレート図　イ．特性要因図　ウ．散布図　エ．管理図　オ．ヒストグラム
カ．PDPC　キ．系統図　ク．連関図　ケ．親和図　コ．マトリックス図

② 文章（Ⅲ）のステップは，QC ストーリーにおいて“要因の解析”と呼ばれる．“要因の解析”に関する次の文章が正しければ○，正しくなければ×を選び，解答欄にマークせよ．

「“要因の解析”を行う際には，多くの要因を取り上げてしまうと収拾がつかなくなるので，前もって要因を絞り込んでおく」 (85)

③ 文章（Ⅳ）に書かれたステップは，QC ストーリーにおいて“対策の検討”と呼ばれる．“対策の検討”に関する次の文章が正しければ○，正しくなければ×を選び，解答欄にマークせよ．

「“対策の検討”を行う際には，実際に実行可能であるかどうか，効果がどの程度あるのかなど，対策の評価を多面的に行う必要がある」 (86)

④ 文章（Ｖ）に書かれたステップは，QC ストーリーにおいて“対策の実施，効果の確認”と呼ばれる．この後に続くステップとして，順番も含めてもっとも適切なものを下欄の選択肢からひとつ選び，その記号を解答欄にマークせよ． (87)

【選択肢】

ア．標準化と管理の定着 → 反省と今後の対応

イ．反省と今後の対応 → 標準化と管理の定着

ウ．反省と今後の対応 → 歯止め

6.5　人材育成

(1)　OJTとOFF-JT

人材育成とは，企業の継続的な成長のために必要な新しい能力やスキルを身に着けるために行われる取組みのことで，育成の手段は様々である．

その手段として大きく分けると，OJT（On the Job Training）とOFF-JT（Off the Job Training）に分けることができる．

OJTは，職場そのものを教育の場として，上司や先輩が，部下や後輩に対して日常の職務遂行上必要な知識・技能を，仕事を通じて育成することをいう．OJTは仕事に密着しているため多くの企業で行われ，特に新入社員教育には大変効果的である．また，実務を通じてすぐ必要な能力を効率的にタイミングよくマスターでき，職場のムードに早く慣れる効果もある．

一方，OFF-JTは，現在の職務・職場を離れて行う企業内教育，企業外での研修・セミナーをいう．OJTだけではトレーナー（教育訓練員）の質，能力，特性によってばらつきやかたよりがあり，職務に対する視野が狭くなるなど，人材を十分に活かせない場合がある．OFF-JTとOJTとの関連をもたせ，それぞれを補いながら実施することが大切である．

(2)　体系的な教育

さらに，教育は体系的に行われることが理想であり，品質に関する教育を事例に解説する．

品質に関する教育には，“QC的モノの見方・考え方”や“QC七つ道具”といった，部門に関係なく，ある階層の全社員に必要な教育があり，このような教育を階層別教育と呼ぶ．

一方，“実験計画法”や“多変量解析法”といった階層には関係なく，部門の担当業務の内容に応じて必要となる教育もあり，このような教育を職能別教育と呼ぶ．

それぞれ階層別教育体系図，職能別教育体系図としてまとめ，教育を行っていくこととなる．

この階層別，職能別を理解するために，会社の組織のイメージ図を図 6.5.A に示す．この図の横軸の各階層に対して全職能に行う教育が階層別教育であり，逆に縦軸の各職能に対して必要な階層に行う教育が職能別教育である．

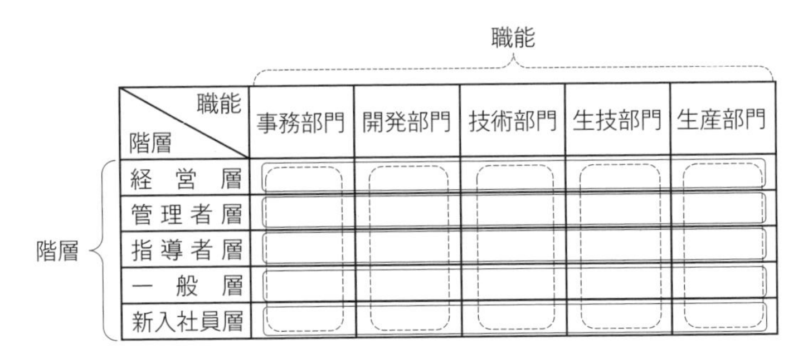

図 6.5.A 会社組織のイメージ図

引用・参考文献

1) 吉澤正編(2004)：クォリティマネジメント用語辞典，p.69，p.70，日本規格協会

●出題のポイント

人材育成に関して３級で求められるレベルは，“言葉として知っている”であり，階層別教育は，部門に関係なく，ある階層の全社員に必要な教育であること，及び職能別教育は，階層に関係なく，部門の担当業務の内容に応じた教育であることを覚えておく必要がある．また，OJT は職場内で行う教育であり，OFF-JT は職場とは離れて行う教育であることも覚えておくとよい．

問題 6.5.1

[第22回問17]

【問17】　次の文章において，[ ]内に入るもっとも適切なものを下欄のそれぞれの選択肢からひとつ選び，その記号を解答欄にマークせよ．ただし，各選択肢を複数回用いることはない．

① 最近，公共機関においても品質管理活動をはじめるところが増えてきた．これは品質管理の概念の拡大や，製品やサービスに関するお客様の要求の高まりが理由のひとつにあげられる．企業や公共機関が，お客様満足度向上を中心とした品質管理活動に加え，[(95)]（総合的品質経営）活動として，方針管理や日常管理，機能別管理，QC サークル活動（小集団による改善活動）も含めた，[(96)]参加の品質管理活動を導入した例も最近では多くなっている．「品質管理は教育に始まり教育に終わる」といわれるが，この変化に対応していくために，従来以上に目的を明確にした人材育成活動（品質教育とその体制作り）が重要となっている．

② この品質管理の概念の拡大により，製造部門はもとより，お客様に一番近いサービス部門でもサービス品質と呼ばれるような品質教育の必要性が増している．これら教育に対し熱心な企業では，もっとも重要な教育を職場での[(97)]におき，職場そのものを教育・訓練の場として活用し、さらにそれを補うものとして[(98)]を位置づけ，新入社員から経営層までの[(99)]別に体系化するとともに，担当業務の内容に応じた[(100)]別にも体系化した教育・訓練に努めている例が多い．

【[(95)][(96)]の選択肢】

ア．協力企業　イ．顧客　ウ．SQC　エ．全部門・全階層　オ．間接部門
カ．機能別　キ．TQM　ク．TPM

【[(97)]～[(100)]の選択肢】

ア．営業　イ．OFF-JT（Off the Job Training）　ウ．製造　エ．職制
オ．機能　カ．人　キ．検査　ク．技術
ケ．階層　コ．OJT（On the Job Training）

6.6 品質マネジメントシステム

(1) 品質マネジメントの原則

JIS Q 9000:2015（ISO 9000:2015）では，七つの品質マネジメントの原則について説明されており，その根拠，主な便益，とり得る行動について示されている．また，JIS Q 9001:2015（ISO 9001:2015）の序文では，“この規格は，JIS Q 9000 に規定されている品質マネジメントの原則に基づいている”と記述しており，品質マネジメントシステムの基本となる原則であることがわかる．品質マネジメントの原則とその説明を表 6.6.A に示す．

表 6.6.A 品質マネジメントの原則

原 則	説 明
顧客重視	目先の利益にとらわれずに，お客様を重視した経営をしよう．お客様の望んでいること，期待していることをしっかり受け止めて応えていこう．
リーダーシップ	リーダーが皆を引っ張って目指す方向に向かおう．品質目標達成のための環境を整えよう．
人々の積極的参加	品質マネジメントシステムに全員参加でのぞもう．皆の手でよりよい仕組みにしよう．働く人々に力量をもたせ，任せるべきところは任せよう．
プロセスアプローチ	品質はプロセスでつくり込もう．いつもよい結果が得られるように仕事の進め方を前もって決めておこう．
改善	継続的に改善に取り組もう．仕組みどおりに実施していれば問題が起こらないはずだけど，もし問題が起こったとすれば仕組みのどこかが悪いと考えよう．
客観的事実に基づく意思決定	勘や憶測だけでものごとを判断するのではなく，客観的なデータや情報で判断をしよう．
関係性管理	購買先，外注委託先などの外部提供者とは“お互い様の精神”でお付き合いしよう．責任を押し付けるのではなく，手を差し伸べてよりよい製品・サービスが提供できるように一緒にがんばろう．

(2) ISO 9001

ISO 9001とは，国際標準化機構が発行している品質マネジメントの国際規格であり，日本では，ISO 9001を基に，技術的内容及び構成を変更することなく作成したJIS Q 9001が発行されている．いずれも2015年に改正されており，ISO 9001:2015，JIS Q 9001:2015と表記する．ISO 9001の表題は，“品質マネジメントシステム—要求事項”となっており，品質マネジメントシステムに関する基本的な要件を規定している．したがって，品質マネジメントシステムを構築する際は，ISO 9001を考慮に入れることが大切である．

ISO 9001は，序文から始まり，箇条1から箇条10までの構成となっており，“～しなければならない．”と規定されている要求事項は，箇条4から箇条10に記載されている．図6.6.AにISO 9001の要求事項の連関図を示す．

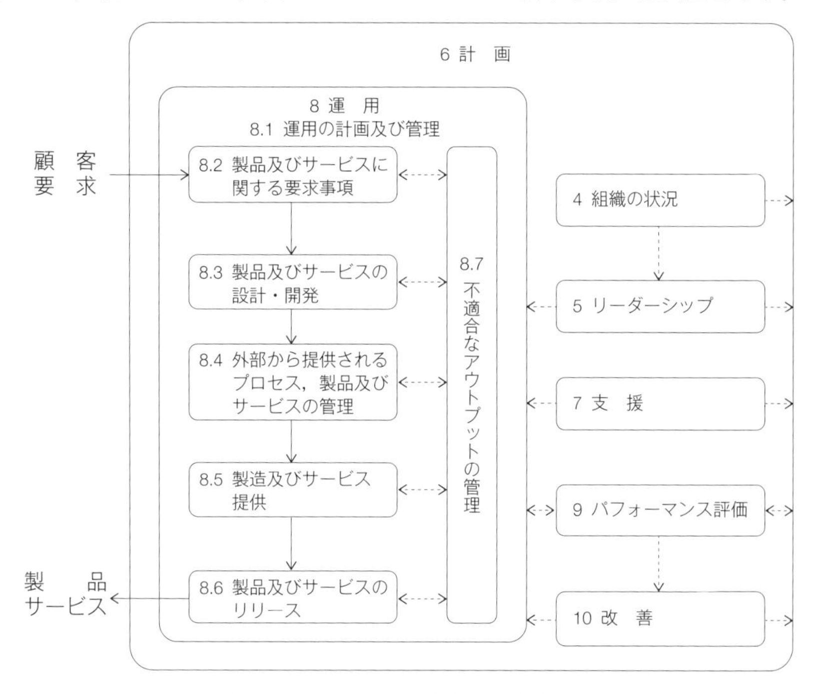

図 6.6.A　ISO 9001 各箇条の連関図

出所　『[2015年改訂対応] やさしいISO 9001（JIS Q 9001）品質マネジメントシステム入門［改訂版］』図4.2（小林久貴著）

第6章

●出題のポイント

品質マネジメントシステムの出題範囲は，“品質マネジメントの原則”，“ISO 9001”であり，言葉として理解することとなっている．

“品質マネジメントの原則”に関しては，七つの原則にどのようなものがあるのかを理解しておくとよい．それぞれの原則の詳細を暗記する必要はないが，実務においても必要な事柄であるので，概要を理解しておくことが望まれる．

“ISO 9001”に関しては，要求事項の詳細までは理解する必要はないが，品質マネジメントシステムの概要について理解しておくことが求められる．実際に，運用している自社の品質マネジメントシステムを理解することで，十分対応可能である．

いずれも，実務と連動させて学習しておくことが効率的であり，かつ，有効な方法である．自社の品質マニュアルや関連文書をあらためて読んでおくとよいであろう．

問題 6.6.1

［第23回問11 ①］

【問11】　次の文章において，［　　］内に入るもっとも適切なものを下欄のそれぞれの選択肢からひとつ選び，その記号を解答欄にマークせよ．ただし，各選択肢を複数回用いることはない．

① ISO9000シリーズにおける品質保証とは，『顧客が求める製品やサービスのニーズを把握し，企画・設計し，提供するための［(66)］を確立する．そして，顧客のニーズが満たされているかを継続的に確認して評価し，問題があれば［(67)］を行う．さらに，顧客が求めるものをいかにして満たすかを約束し，それが守られていることを客観的な［(68)］で示して信頼を得る．』ために組織が行う体系的活動である．

【［(66)］～［(68)］の選択肢】

ア．代用特性　　イ．維持　　ウ．プロセス　　エ．品質管理
オ．顧客への報告　　カ．品質標準　　キ．証拠　　ク．組織
ケ．是正処置

解 説 編

3 級

第 1 章

品質管理の基本
（QC 的なものの見方／考え方）

解説

1. 品質管理の基本

解説 1.1

［第 14 回問 16］

この問題は，品質管理についてのさまざまな側面での考え方や管理の方法について問うものである．品質管理で使用される用語や考え方，品質管理の基本を理解しているかどうかが，ポイントである．

解答

77	ウ	78	オ	79	イ	80	ア	81	ア
82	オ	83	ウ						

① 77, 78　製品が消費者に受け入れられるためには，その消費者の要望を的確にとらえ，それを製品に反映させなければならない．品質管理では，市場の要望を調査し，それを企画・設計・製造・販売とつなげていく活動をマーケットイン 77 と呼ぶ．逆に，生産者の立場を優先した製品提供の考え方をプロダクトアウト 78 と呼び，前者と対をなす言葉として用いられる．よって， 77 はウ， 78 はオが正解である．

② 79, 80　実際に製品を製造するときに，製造がねらう品質のことをねらいの品質 79 又は設計品質と呼ぶ．そして，その設計品質をもとに製造した実際の品質をできばえの品質 80 又は製造品質と呼び，消費者が一般に品質と聞いてイメージするものがこの製造品質である．よって， 79 はイ， 80 はアが正解である．

③ 81　品質特性には，直接測定することが困難な特性もある．また，直接測定することは可能だが，破壊検査などのように測定したものは製品として使用できなくなるようなケースも多い．このような場合は，その特性と関連のある別の特性を測定して代用することがあり，その特性を代用特性 81 と呼ぶ．よって，アが正解である．

④ 82, 83　製造段階で安定した好ましいレベルの品質を作り続けるた

めには，製造条件を管理していくことが重要であるが，条件の管理だけではなく，その条件で製造された製造品質を表す特性値を測定し，好ましいレベルの品質が作り込まれているかを確認することも必要である．このように条件と結果の両方を管理し，お互いに関連づけることにより，安定して良品を作り続けることができる．よって，82 はオ，83 はウが正解である．

解説 1.2

［第15回問11］

この問題は，品質管理の基本について問うものである．QC的ものの見方・考え方について理解しているかどうかが，ポイントである．

解答

48	イ	49	エ	50	ア	51	ウ	52	オ
53	ウ	54	ア	55	キ				

① 48, 49　品質管理の基本的な考え方の一つに，マーケットインという概念がある．マーケットインとは，“市場の要望に適合する製品を生産者が企画，設計，製造，販売する活動”[3]（JIS Z 8141）のことで，このような市場や顧客などを重視した姿勢をお客様本位の姿勢という．また，この“受け手のことを考える”という姿勢がさらに展開された結果，品質管理においては，市場などの外部だけでなく，自部門の仕事の後工程も“お客様”ととらえるようになり，後工程を含む広義でのお客様満足度向上を目指して，いち早く問題解決に取り組むことへとつながっていった．

したがって，48 はイ，49 はエがそれぞれ解答となる．

② 50, 51　企業は人・もの・お金・時間などに制約がある場合が多い．また，決められた制約の中で最大限の成果を出す必要もあり，品質管理では，このような中で多くの問題に直面した場合は，重要なものから優先順位を付けて取り組むことが求められる．このような考え方を重点指向という．また，問題に対する対応を進めていく場合，問題の真の原因は，仕事の上流

部分まで遡って検討しないと根本的な対策ができない．“製品やシステムを生み出す過程（プロセス）のなるべく源流の段階において品質やコストに関する不具合事項を予測し，その要因に是正・改善の措置を行う体系的活動”[4]を源流管理といい，品質管理の基本的な考え方の一つになっている．

したがって，50はア，51はウがそれぞれ解答となる．

③　52～55　現状の把握などに際してデータを取ることの意味は，何が起きているかについて推量するのではなく，データという明確な根拠に基づいて事実を知るということにある．問題解決を進める過程で，要因解析や効果の確認等のステップでデータを取るのはこの前提を踏まえたもので，これを事実による管理という．また，採取したデータは，主に5M［Man（人），Machine（機械），Material（材料），Method（方法），Measurement（測定)］によるばらつきを含んでおり，データのばらつきを管理する必要がある．さらに，よい結果はよいプロセスからといわれるように，これらの活動で重要であるのが，結果だけでなく，結果を生み出すプロセスである．結果を導くためのプロセスも管理する必要がある．作業者が誰であってもよいプロセスが実現できるように維持していくためには，標準化も必要となる．

したがって，52はオ，53はウ，54はア，55はキがそれぞれ解答となる．

解説 1.3

［第18回問16］

この問題は，QC的ものの見方・考え方について問うものである．QC的ものの見方・考え方にある再発防止と未然防止について理解しているかどうかが，ポイントである．

解答

95　オ　96　イ　97　キ　98　エ　99　カ
100　イ

95 ～ 97　応急処置とは，“原因不明あるいは原因は明らかだが何らかの制約で直接対策の取れない異常や不適合に対して，とりあえずそれに伴う損失をこれ以上大きくしないために取る処置のことで，暫定処置ともいう”[6)]．これに対して，“問題が発生したときに，プロセスや仕事の仕組みにおける原因を調査して取り除き，今後2度と同じ原因で問題が起きないように歯止めを行うこと”[6)] を再発防止という．再発防止には，是正処置と予防処置も含まれ，原因除去策，恒久対策ともいう．したがって，95 はオ，96 はイ，97 はキがそれぞれ解答となる．

98 ～ 100　問題が発生してからの応急処置や再発防止だけではなく，実施に伴って将来発生する可能性があると考えられる不適合や不具合，又はその他で望ましくない状況を引き起こすと考えられる潜在的な原因をあらかじめ計画段階で洗い出し，それに対する修正や対策を講じておくことを未然防止活動という．未然防止活動では，問題発生を事前に防ぐ処置と，発生しても会社の存続を左右するような大きな（致命的な）影響を引き起こさないようにする処置とがある．また，全く経験したことのない問題を防止するのは困難であり，未然防止を効果的に行うためには，過去に発生した問題（失敗事例）をその類似性に基づいて整理（分析）し，自職場の弱さを知っておくことやいろいろな状況に汎用的に適用できる共通的なものにまとめて，これを活用する方法を確立することが重要となる[6)]．

したがって，98 はエ，99 はカ，100 はイが解答となる．

解説 1.4

［第20回問11］

この問題は，QC的ものの見方・考え方について，仕事や品質の管理に適用する際の考え方の基本を問うものである．

このQC的ものの見方・考え方には，品質管理の歴史の中で重要とされ続けてきた内容が集約されている．また，製品の品質だけでなく，広く仕事の質の向上にも有効であるので，必ず理解してほしい．

解答

53	オ	54	エ	55	ク	56	オ	57	ア
58	エ								

53 結果だけを追うのではなく，結果を生み出す仕組みややり方に着目する考え方は，プロセス重視と呼ばれている．例えば新製品を開発するうえでは，設計段階から製造工程に至るまで数多くのプロセスがあり，それらのプロセスが連なったうえで製品が完成し，最終的にお客様の元に届くことから，それぞれのプロセスのつながりなどにもしっかりと目を向ける必要がある．よって，正解はオである．

54 品質特性のばらつき要因の把握などの場面で，実際に計測したデータを用いて，そのデータを分析するといった形で，経験や勘ばかりに頼らずに客観的に品質を把握する考え方は，事実に基づく管理と呼ばれている．よって，正解はエである．

55 ものづくりの工程の多くの管理項目の中から，特に重要な項目に絞って管理する考え方は，重点指向と呼ばれている．この考え方は，人員やコストなど資源が限られる中ではすべての項目に対応することは難しいことから，限られた資源を，より効果の高い項目に集中的に投下することで，より効率的に効果を上げることを目指すものである．よって，正解はクである．

56 お客様の満足を目指して活動を行う考え方は，顧客指向と呼ばれている．この顧客を重視する考え方は，品質マネジメントシステムにおいても，“顧客重視”として品質マネジメントの原則のうちの一つとなっている．よって，正解はオである．

57 外部の顧客に限らず，自らの仕事の受け手はすべてお客様であるという考え方は，後工程はお客様という表現で表されている．これは，製造などにかかわる部門だけでなく，業務の管理改善を図るうえでは経理や総務など事務部門においても同じことである．よって，正解はアである．

58 現在は起きていなくても今後発生するかもしれない潜在的な問題を想

定し，その問題に対して，あらかじめ処置や対策を実施する考え方は，未然防止と呼ばれている．よって，正解はエである．この設問の再発防止と未然防止，また応急対策などについては，混同しないようにその違いを理解しておきたい．

解説 1.5

[第23回問9]

この問題は，総合的品質管理（TQM）について，取組みの原則，実践の基本的な考え方，各部門での活動の基本などを問うものである．

解答

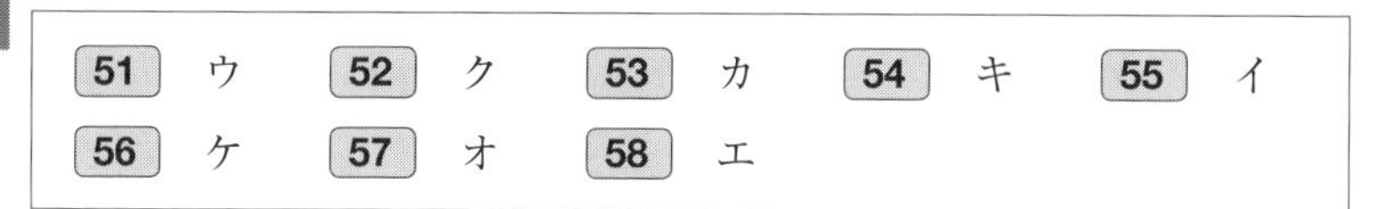

51 ウ　52 ク　53 カ　54 キ　55 イ
56 ケ　57 オ　58 エ

51 品質管理を効果的に実施するうえで，（企業など）組織の全部門・全従業員が参画する活動は，**総合的品質管理**（**TQM**）が該当する．総合的品質管理は，1960年代頃より米国から日本に導入されたものであり，導入当初は“Total Quality Control”の英語名称からTQCと呼ばれていた．その後，1980年代にその名称が“Total Quality Management”に基づくTQMへと変更された．よって，正解はウである．

52, 53 多くの企業でのTQMの取組みにおいては，**顧客指向**，品質優先，**継続的改善**，全員参加などが原則となっている．これらの原則は，企業の競争環境の激化や働き方の多様化が進んでいる現在においてこそ，経営管理における重要な考え方ととらえられる．よって，52はク，53はカが正解である．

54 TQMの実践において最も重要な活動は，日頃から各部門で決められた業務と役割を果たしていく日常管理と，経営の方針を組織の各部門における具体的な計画や目標などへ展開し，組織全体で活動の方向性を合わせていくことを目指す**方針管理**である．方針管理では，組織全体において重点的に取り組むべき重点課題が取り上げられる．よって，正解はキである．

55 方針管理においては，経営レベルの上位の課題の目標や方策と，担当レベルの下位の課題の目標・方策との一貫性や整合性を担保するために，**方針のすり合わせ**が行われている．よって，正解はイである．

56 通常の業務について各部門で行われる活動は，**部門別管理**と呼ばれる．部門別管理は，“方針管理でカバーできない通常の業務について，各々の部門が各々の役割を確実に果たすことができるようにするための活動”[3] とされる．よって，正解はケである．

57 部門別管理による現状維持において順（遵）守すべきなのは，**標準類**である．よって，正解はオである．

58 品質，コストなどに対して全社的な目標を定め，その達成に向けた全社的な管理の取組みは，**機能別管理**と呼ばれる．例えば，品質保証や原価管理といった機能別に委員会などの会議体を設け，各部門の当該機能に関する役員・管理者・担当者が集まって，各部門における実施状況などの情報共有を行うなどして，全社的に当該機能に関する改善に向けて取り組むといった活動は，機能別管理にあたる．よって，正解はエである．

なお，日本でTQMを導入している企業の多くでは，その導入時から現在まで数十年という長い年月が経過していることや，導入時の関係者が定年などにより退社し，TQM導入当時の状況を知らない従業員が多くを占めていると推測されることから，TQMを導入済みの企業の中でも，TQMへの取組み意識の希薄化が心配されている．

こうした状況の中で，企業経営の変革が求められる現代において，各企業の中でTQMの意義や目的について再認識が求められているものと推測される．本問で問われているTQMの基本は，TQMが浸透している企業や関係者の多くには既知のことではあるが，品質管理の重要な要素として，いま改めて十分な理解が求められている．

解説 1.6

[第26回問9]

この問題は，“品質を工程で作り込む”という考え方がどのようなものであるか，その意味を問うものである．結果の保証だけでなく，プロセスの保証を重視するプロセス管理について理解しているかどうかがポイントである．

解答

51	エ	52	オ	53	オ	54	ア	55	キ

① 51, 52　製造の最終段階で適合や不適合を判定して，適合品だけを出荷することは不適合品を顧客に引き渡さないためにも重要である．製品の適合・不適合の判定を**検査**という．しかし，検査には，検査を実施する人や時間が必要なため，人件費などの費用がかかってしまう．さらに不適合品を正しく検査しきれずに出荷してしまうなど検査漏れが発生する可能性がある．そのようなことから，検査で不適合品を除くという考え方に代わり，不適合品をもともと作らないという考え方が，重要視されるようになった．この考え方を表したのが“品質を工程で作り込む”である．工程を適切に管理することによってこれを実現する．工程は，人（Man），設備・機械（Machine），材料（Material），方法（Method）の四つの要素で構成されており，この**4M**を適切に管理することが求められる．よって，51はエ，52はオが正解である．

② 53, 54　工程を管理するためには，製品のできばえに影響する要因を見極める必要がある．これは工程解析と呼ばれ，製品のできばえである**品質特性**と，その品質特性を達成するための要因である管理項目を明確にすることを目的としている．そして，工程解析の結果から工程管理の条件を定め，その条件で作業が行われる．工程が管理された状態であるかどうかを確認するためには，QC七つ道具の一つである**管理図**やチェックシートを活用するとよい．よって53はオ，54はアが正解である．

③ 55　“品質を工程で作り込む”という考え方は，製造工程だけでなく，

すべての仕事に適用できる．仕事においても結果ばかりを追い求めて，結果の良し悪しに一喜一憂するのではなく，よい結果が得られるように仕事そのものを適切に管理することが求められる．仕事は結果を得るための活動とも考えられ，その活動のことを**プロセス**という．よってキが正解である．

なお，JIS Q 9000では，プロセスを“インプットを使用して意図した結果を生み出す，相互に関連する又は相互に作用する一連の活動”[3)] と定義している．

解説 1.7

［第27回問11］

この問題は，品質管理のために，工程を具体的にどう管理すべきかを問うものである．工程管理を進めるにあたり，まず工程を調査することで，要因と特性の関係を明らかにし，明らかになった要因と特性のそれぞれを管理するのである．その際，“事実データに基づいて”，“重点的に管理する”，といった基本的な考え方を理解しているかどうかが，ポイントである．

解答

52 コ　53 キ　54 イ　55 ケ　56 エ
57 カ　58 ウ

52 JIS Z 8101:1981の定義によると，品質管理とは“買い手の要求に合った品質の製品を経済的に作り出すための手段の体系”とされている．そして品質管理を実践するためには，製造工程において品質にばらつきを与える原因を追究し，最小限に抑えることが必要である．この製造工程におけるばらつきを管理する考え方は，企業の品質管理の活動において，**品質は工程で作りこめ**という言葉が用いられており，現場の品質スローガンなどにたびたび用いられている．よって，正解はコである．

53 設問にある，“安定した良いプロセスにより”，“特性と要因との因果関係を調査・確認する”，という行為の意味を表すには，選択肢の“検査”

や，“統計分析”という言葉では不十分であり，**工程解析**，という言葉のみが当てはまる．よって，正解はキである．

54 ～ 56　工程解析で得られた要因と特性の因果関係を整理する際，要因系の**点検項目**（不良発生の要因をチェックすることで未然に防止する）と，結果系の**管理特性**の管理方式（実際の不良をチェックする）を設定することが重要である．

そして，この設定した内容は，現場の品質管理のツールである**QC工程図**に記載して現場の関係者で共有することが必要である．よって，54 はイ，55 はケ，56 はエが正解である．

57, 58　この設問では，すべての要因を管理することは困難であるので，特性に影響を強く与える要因に絞って管理をすべきである，という趣旨のことが述べられている．

この場合に用いられ，“ある要因が特性のばらつきにどの程度影響を与えているか”，を示す定量的指標は，**寄与率**である．寄与率を求めるのに用いられる代表的な手法は，実験計画法である．また，こうした要因を絞った管理の考え方は，**重点指向**と呼ばれている．よって，57 はカ，58 はウが正解である．

3 級

第2章

品質の概念

解説

2. 品質の概念

解説 2.1

［第 22 回問 10］

この問題は，品質管理の活動を全社的に実施する際にしばしば課題となる，直接部門（製造現場）と間接部門（事務）の役割の違いや，相互の連携について問うものである．

間接部門では，製品の品質は製造部門のみに関係する問題と考えているケースもままあるのだが，製品だけでなくサービスを含む顧客満足度を向上させるには，社内の部門を限定せずに全社的に活動することが重要である．

解答

50 ア　51 キ　52 オ　53 カ　54 ケ
55 ウ　56 オ

50 問題文では，製造現場の工程において，製品のできばえを何によって評価するのかを問うている．製品の評価にあたって用いるものは，アの測定器のみである．よって，正解はアである．

51 問題文では，製造の現場において，5M（Man：作業者，Machine：設備，Material：材料，Method：方法，Measurement：測定）に代表される工程の評価項目の内容を明確に規定しているものが何かを問うている．製造工程でのそれぞれの作業における評価項目の内容を定めたものは，キの作業標準のみである．

52 問題文では，整理・整頓・清掃・清潔を示す用語を問うている．これら四つの要素は，総称して 4S と呼ばれている．よって，正解はオである．

4S とは，職場を安全，快適に整備することで仕事の効率を向上させることを目指す活動であり，日本の製造業では広く実施されている．

53 問題文では，製造部門において品質を表現する用語を問うている．すぐ後の記述から“仕事の結果”を指していることがわかるので，選択肢の中では，できばえの品質がふさわしい．よって，正解はカである．

54 問題文で，CSの向上とあるのは，“Customer Satisfaction”，つまり顧客満足度の向上を意味する．顧客というと会社の外部を想像しがちだが，その仕事が誰に対してなされているものかを考えると，この問題文のように社内が対象となることもある．よって，正解はケである．

55 問題文のBさんの発言にあった“現場，現物，現実”は，それぞれの単語の頭文字の現を取って，三現主義と呼ばれている．三現主義は，改善や問題解決の基本となる行動のあり方を示したもので，原理・原則の二つを加えて5ゲン主義という表現もある．よって，正解はウである．

56 問題文のAさんの発言にあった“事実を基本に行動する”とは，ファクト・コントロールを意味する．よって，正解はオである．

第2章

解説2.2

［第16回問15］

この問題は，品質に関する用語の知識を問うものである．品質管理の分野でよく使われている用語の名称と意味をしっかり理解しているかどうかが，ポイントである．

解答

82	ク	83	エ	84	オ	85	カ	86	キ

① **82** 品質マネジメントシステムの基本を説明し，関連する用語を示しているJIS Q 9000では，品質を“対象に本来備わっている特性の集まりが，要求事項を満たす程度”[5)] と定義している．問題文はこの定義に基づいており，問題文の空欄には“程度”が入る．よって，正解はクである．

② **83** 人間の感覚器官によって評価・判断される特性は，“官能特性”という．官能評価分析に関する主な用語とその定義を規定しているJIS Z 8144では，官能特性を“人の感覚器官が感知できる属性”[8)] と定義している．よって，正解はエである．

③ **84** できばえの品質は，文字どおり（製造）できた状態，完成した状態の品質であるため，“製造品質”と呼ばれる．品質管理の用語規格であった旧 JIS Z 8101 では，製造品質を“設計品質をねらって製造した製品の実際の品質．できばえの品質，適合の品質ともいう”[9)] と定義している．よって，正解はオである．

④ **85** 要求されている特性を直接測定できない場合には，違う特性で代用する必要がある．この特性を“代用特性”という．選択肢には似た語句で“代替”があるが，代替特性という用語は使われていない．前出の旧 JIS Z 8101 では，代用特性を“要求される品質特性を直接測定することが困難なため，その代用として用いる他の特性”[9)] と定義している．よって，正解はカである．

⑤ **86** 問題文にある“製造の目標としてねらった品質”は，③の解説で示した製造品質の定義の中の“設計品質をねらって製造した”に記載されている“設計品質”である．設計品質は，問題文のように製造の目標としてねらう品質であることから“ねらいの品質”とも呼ばれている．よって，正解はキである．

解説 2.3

[第 21 回問 10]

この問題は，品質の概念について問うものである．社会的品質の定義や基本的な考え方について理解しているかどうかが，ポイントである．

解答

53	キ	54	カ	55	ウ	56	ケ	57	オ

53 社会的品質を考慮すると，供給者と購入者・使用者以外の不特定多数に対して迷惑をかけないように品質を作り込んだ製品・サービスを提供していることが必要である．最近では，製品を廃棄する際にも環境に負荷がかからないような配慮が必要になってきているように，一昔前までは，製品・サ

ービスの供給者は，購入者・使用者のことだけを考えておけばよかったが，近年では当事者以外のことも考慮しなければならない．この不特定多数を第三者という．したがって，キが解答となる．

54 品質保証では，会社が提供する製品・サービスについて購入者・使用者のニーズを満足していればよかったが，最近は第三者のニーズにも対応していないといけない．製品・部品も経年劣化などで，使用者以外にも影響を及ぼすような全く予想もしなかった壊れ方をすることもある．この全く予想もしなかった結果を，意図しない副産物といい換えることもできる．したがって，カが解答となる．

55 製品の故障に伴う修理や買換えなどが使用中に必要になった，また，製品廃棄に伴う公害問題で必要になった費用・失った信用などを総称して損失という．最近では，これらを社会的損失と呼び，その損失を最小限にするための評価を品質工学で行う取組みが各企業で増えてきている．したがって，ウが解答となる．

56 品質を構成しているさまざまな性質をその内容によって分解して項目化したものを品質要素（品質項目ということもある）といい，社会的品質もその一つである．品質要素には，問題文で示された機能，性能，意匠，使用性のほかにも互換性，入手性，環境保全性などが挙げられ，例えば，要求品質などについても，品質要素に分けてとらえることで，顧客や社会のニーズをより体系的にとらえることができる[6)]．したがって，ケが解答となる．

57 企業や組織が繁栄・存続していくうえでは，自らの組織のことだけを考えるのではなく，顧客をはじめ取引先や株主，あるいは地域住民など組織を取り巻くさまざまな利害関係者の期待への配慮も必要である．企業や組織が提供する製品・サービス，又はその提供プロセスが社会的品質を満たすことは，社会的責任（Social Responsibility）の一部である[6)]．したがって，オが解答となる．

解説 2.4

［第8回問12］

この問題は，品質についてのさまざまな側面からの考え方，管理方法について問うものである．品質に影響する種々の活動から，使われる品質についての用語や考え方，そして管理の基本を理解しているかどうかがポイントである．

解答

53	イ	54	カ	55	イ	56	オ	57	ウ
58	イ	59	カ	60	ア				

① 53, 54 製品を消費者に提供する場では，市場の要望に合ったものでないと買っていただけない．品質管理においては，市場が要望しているものを調査し，それを企画・設計・製造・販売とつなげていく考え方を“マーケットイン” 53 とよぶ．また，生産者の立場を優先した製品提供の考え方を“プロダクトアウト” 54 とよび，前者と対をなす言葉として用いられる．よって，正解は 53 がイ， 54 がカである．

② 55, 56 品質を製造で作り込んでいくとき，製造が目標としてねらう品質のことを“設計品質”あるいは“ねらいの品質”とよぶ．また，その“ねらいの品質”をねらって実際に製造した結果の品質は“製造品質”あるいは“できばえの品質”とよび，どの程度合致しているかを示す意味で“適合の品質”とよぶこともある．よって，正解は 55 がイ， 56 がオである．

③ 57, 58 品質特性には，直接測定することが困難な特性もある．そのような場合には，その特性と関連のある別の特性を測定して代用することがあり，その特性を“代用特性”とよぶ．また，そのときの直接測定困難な特性である顧客の使用時の機能品質などを“真の品質”とよぶ．よって，正解は 57 がウ， 58 がイである．

④ 59, 60 製造段階において安定した品質を作り続けるためには，製造条件を管理していくことが必要であるが，アウトプットとしての製品品質を試験・測定して確認した結果を管理することも必要である．ここで試験・

測定した特性の結果を活用して，その特性の管理につなげていくことが大切である．よって，正解は 59 がカ， 60 がアである．

3 級

第 3 章

管理の方法

解説

3.1 維持と改善，PDCA・SDCA，継続的改善，問題と課題

解説 3.1.1

[第19回問10]

この問題は，QC的ものの見方・考え方について問うものである．QC的ものの見方・考え方にあるSDCAについて理解しているかどうかが，ポイントである．

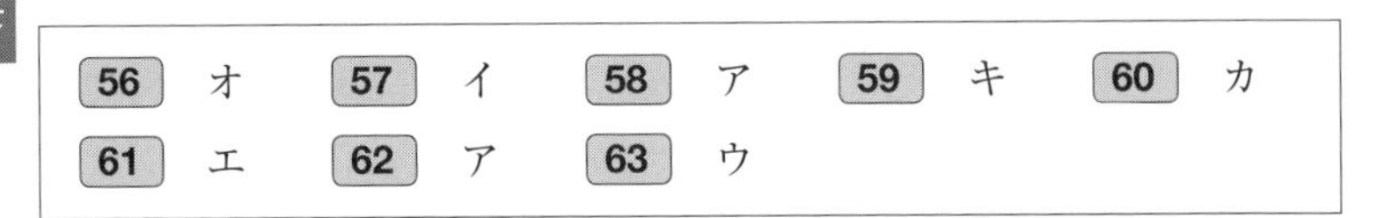

56	オ	57	イ	58	ア	59	キ	60	カ
61	エ	62	ア	63	ウ				

① 56, 57 計画（Plan），実施（Do），点検（Check），処置（Act）で構成されるPDCAは，高いレベルを実現するための改善のときに回す管理のサイクルであるが，既にやり方が確立している場合など，足元を固めて確実に状態を維持できるようにするためのサイクルも必要である．これをSDCAのサイクルといい，“S”は，“標準（Standard）”を指している．標準にはその仕事の目的やねらいを達成するための手順や急所が明確になっていることが重要であり，その標準を守らないと安全な作業ができない，あるいは規格外れの不適合品を生産してしまうなどといった事態にもなりかねない．よい仕事をするには，仕事の目的やねらいを達成するために決められた標準を順守することが大変重要となる．

したがって，56 はオ，57 はイが解答となる．なお，SDCAの各ステップを行為を意味する概念としてとらえると“S”は“標準化（Standardize）”を指す．

② 58 ～ 60 SDCAの“D”は，PDCAと同様の“実施（Do）”であり，決められた標準に従って，その内容を確実に実施するためには，標準に定められた内容を理解し，その内容に沿って対応できるだけの力量が求められることから，しっかりと教育・訓練を受ける必要がある．逆にいえば，教育・

訓練を受けなければ決められた標準を順守できないことになり，標準作業を順守しないことを，標準不履行という．

したがって，58 はア，59 はキ，60 はカがそれぞれ解答となる．

③ **61** SDCAの“C”は，PDCAと同様の“点検（Check）”であり，問題文のとおり実施すべき事項が適切に行われたかという観点からのチェックと，当初の目的がきちんと達成されたかという観点からのチェックが行われる必要がある．このステップにおいて“S”と“D”のステップのどちらに問題があるかを明確にして，原因追究や対策を行うこととなる．

したがって，61 はエが解答となる．なお，“C”を“点検”より広い意味をもたせ“評価”と表現することもある．

④ **62** SDCAの“A”は，PDCAと同様の“処置（Act）”であり，“C”のステップで問題となった事項の原因を追究したうえで，処置を行うことになるが，これも③と同様にその前のステップである“S”と“D”のどちらに問題があるかによって処置の内容が変わってくる．それぞれ，標準そのものが悪いのか，標準を確実に実施するための教育・訓練のやり方の問題なのかによって処置のとり方が変わってくることになる．

したがって，62 はアが解答となる．

⑤ **63** ここまで解説してきたSDCAのそれぞれのステップに対して，各々が強いこだわりをもって行動していくことが，現場を強くしていくことになる．このような現場の力を現場力という．

したがって，63 はウが解答となる．

解説3.1.2

［第17回問15］

この問題は，問題解決についての知識を問うものである．用語の定義や問題解決にあたってのポイント，進め方を理解しているかどうかが，ポイントである．

解答

84 ウ　85 オ　86 カ　87 ク

① 84 JIS Q 9024:2003“マネジメントシステムのパフォーマンス改善—継続的改善の手順及び技法の指針”において，“問題”は次のように定義されている．

問題……“設定してある目標と現実との，対策して克服する必要のあるギャップ”7)

問題文はこれにあてはまるため，正解はウである．参考までに同JISにおける“課題”は次のように定義されている．

課題……“設定しようとする目標と現実との,対処を必要とするギャップ”7)

85 前問と同様に，JIS Q 9024に“問題提起”は次のように定義されている．

問題解決……“問題に対して，原因を特定し，対策し，確認し，所要の処置をとる活動”7)

問題文はこの定義どおりになっており，正解はオである．参考までに同JISにおける“課題達成”は次のように定義されている．

課題達成……“課題に対して，努力，技能をもって達成する活動”7)

② 86 問題文には 86 の空欄の前に“事実を客観的に公平に比較・判断する”ことが重要とあり，末尾にも“できる限りデータを収集して判断するとよい”とある．データに基づく判断は客観的かつ公平な比較・判断のために行うことから， 86 にはこの立場とは逆の言葉で，かつ“単なる意見や所感”を表現した言葉が入ると考えられ，“客観的”の対義語である“主観

的”があてはまる．よって，正解はカである．

③ 87 QC ストーリーの最初のステップである“テーマの選定”時のポイントについての設問である．問題文にある“重要性”，“緊急度”，“費用”，“難易度”，“時間”などはそれぞれがテーマを評価する尺度・視点であり，これらを使って検討することは，選択肢の中では“総合的視点”から検討することである．よって，正解はクである．

実際にテーマを選定するときは，**解説表 17.15-1** に示すようなマトリックスを使うことが多い．

解説表 17.15-1　テーマ選定の例

◎：５点　○：３点　△：１点

問題＼評価項目	重要性	緊急度	費用	難易度	解決時間	総合評価
○○○の作業時間が長い	◎	○	○	△	○	15
△△△がよく壊れる	◎	○	◎	◎	△	19
×××が増加している	○	○	○	○	○	15
◇◇◇の不具合が多い	◎	◎	◎	○	◎	23
□□□のムダが多い	○	△	△	△	○	9

解説 3.1.3

［第 24 回問 12］

この問題は，品質管理活動の中でも維持管理と改善管理について問うものである．管理活動についての用語や，SDCA と PDCA のそれぞれの特徴を理解しておくことがポイントである．

解答

65	キ	66	オ	67	ウ	68	カ	69	エ
70	キ	71	ア						

65 標準順守とは，仕事を決められた手順や条件，要領から逸脱せず，標

準どおりに実施することであり，一定の品質を**維持**することを目的とする．この活動では，守らせる指導を行うことや守れない要因を改善することが重要である．

したがって，キが正解である．

66，67 維持管理活動だけでは現状維持に終わり，さらなる向上は見込めない．現状をよくするためには，維持している状況の中から**問題**を見つけ，改善することで目標を達成しなければならない．この活動が**改善活動**である．

したがって，66 はオ，67 はウがそれぞれ正解である．

68～71 標準を守ることによって現状を維持する活動のステップは，

標準化（Standardize)―実施（Do)―確認（Check)―処置（Act)

のサイクルを回すことであり，このサイクルを **SDCA** と呼ぶ．一方，さらに高い水準を目指す活動のステップは，

計画（Plan)―実施（Do)―確認（Check)―処置（Act)

のサイクルを回すことであり，このサイクルを **PDCA** と呼ぶ．この SDCA と PDCA を継続的に繰り返すことが重要である．

したがって，68 はカ，69 はエ，70 はキ，71 はアがそれぞれ正解である．

3.2　QC ストーリー

解説 3.2.1

［第 22 回問 11］

この問題は，QC ストーリーについての知識を問うものであり，問題解決型と課題達成型の違いを理解していることが求められている．さらに問題解決型のみならず課題達成型についても QC ストーリーのステップまで理解している必要がある．

解答

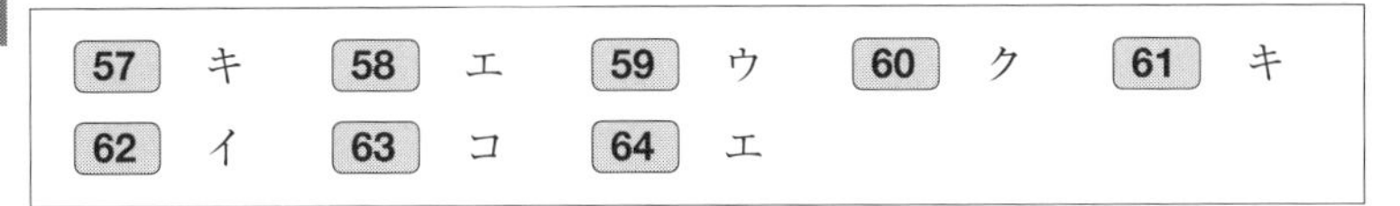

57	キ	58	エ	59	ウ	60	ク	61	キ
62	イ	63	コ	64	エ				

① 57 ～ 60 　会社においては，常にこういう状況になっていなくてはならないというあるべき姿というものがある．あるべき姿から逸脱しないことが求められるが，現実的にはあるべき姿と現状とにギャップが生じてしまう．このギャップは解決すべき問題といえる．この問題を解決するにはさまざまな方法があるが，誰もが使いやすく，しかもわかりやすくいくつかのステップとして示したものに QC ストーリーがある．このうち，問題を解決するのに適した QC ストーリーを問題解決型 QC ストーリーという．

また，会社も日々進歩しなければ市場における競争に取り残されてしまう．常に現状に甘んじることなく，自ら設定した目標を追い求めることが大切である．しかし，簡単には目標達成とはならず現状とのギャップは必ず存在する．この設定した目標と現状とのギャップが課題ということになる．この課題を達成するためにはさまざまな方法があるが，問題解決型 QC ストーリーと同様に誰もが使いやすく，わかりやすいいくつかのステップとして示した QC ストーリーを課題達成型 QC ストーリーという．よって， 57 はキ， 58 はエ， 59 はウ， 60 はクがそれぞれ正解である．

② 61 ～ 64 　設問 60 の解答から，ここでは課題達成型 QC ストーリー

の流れを順に追っていく．ステップ1の“テーマの選定”は，課題達成型，問題解決型いずれのQCストーリーにもあるステップだが，課題達成型のQCストーリーでは設定した目標と現実とのギャップを埋めるためのテーマを選定し，課題・問題となる事項の洗い出しなどが行われる．

ステップ2では“課題の明確化と目標の設定”を行う．何が課題なのかを課題に取り組む関係者が理解し共有するためにも現状を把握するとともに課題の明確化が必要である．さらにどこまでやるのかの目標を設定しなければならない．

ステップ3では“方策の立案”を行う．目標達成のための具体的な方策を考え立案するのである．

ステップ4では“シナリオ（最適策）の追究（追求とする場合もある）”を行う．課題を達成するための道筋は一つではないことが多い．立案した方策を実現させるためのシナリオを具体的に検討し，最適な道筋を追究し選択しなければならない．

ステップ5ではステップ4で実現方法や手順などを検討した“シナリオ（最適策）の実施”を行う．選択した最適策を実施するのである．

ステップ6は“効果の確認”を行う．選択した最適策が，本当に効果があったのかどうかの確認である．

ステップ7では“標準化と管理の定着”を行う．効果があったと確認できた最適策を一時的なものに終わらせないためにもルールや手順などを標準化し，管理の定着を図らなければならない．

最後のステップ8では“反省と今後の対応”を行う．一度課題が達成されればそれで終わりということはない．課題が見つかる限り繰り返し行われる．そのためにも反省をして次に活かさなければならないし，反省の結果から今後対応すべきことについても確実に行う必要がある．

よって，61はキ，62はイ，63はコ，64はエがそれぞれ正解である．

なお，課題達成型QCストーリーの流れは一般に本問のとおりだが，各ステップの名称は課題達成型，問題解決型ともに少しずつ異なることもある．

例えばステップ 2 の“課題の明確化と目標の達成”は，どこを重点にして方策案を検討していくのかを決めるうえでの着眼点を指す攻め所という用語を用いて“攻め所と目標の設定”などする場合もあるほか，ステップ 4 及び 5 にあった“シナリオ”も“成功シナリオ”と記す場合もあるので，QC ストーリーに関する出題に備えるうえでは，各ステップの名称そのものを覚えるというよりも，それぞれの QC ストーリーの目的と流れをつかむことが重要である．

解説 3.2.2

［第 23 回問 10］

この問題は，QC ストーリーの手順を問うものである．QC ストーリーには問題解決型と課題達成型の二つがあるが，本問は問題解決型の QC ストーリーの手順とその内容を問うものである．QC ストーリーに関する問題はよく出題されている．いずれの型についても手順や各手順の内容について理解しているかどうかが，ポイントである．

解答

59	オ	60	エ	61	ア	62	ウ	63	キ
64	エ	65	イ						

文献によっては問題解決型 QC ストーリーの各手順のタイトルや内容の表現が多少異なっている場合もあるが，ここでは問題文の内容に沿って問題解決型 QC ストーリーの各ステップとその内容を簡単に下記にまとめた．なお問題文では手順 7 までの取組みしか示されていないが，手順 8 の内容まで行うのが一般的である．

手順 1　テーマの選定

“何をやるか”を明確にし，テーマを選定する．

手順 2　現状把握

取り上げたテーマについて，現状がどうなっているかを把握する．

手順３　目標設定と実施計画の作成

現状についてどこまで改善するかの目標を設定し，具体的な実施計画を作成する．目標はできるだけ定量的に設定する．

手順４　要因解析と対策立案

問題がなぜ起きたのか要因を解析する．解析の結果，明らかになった問題発生要因を取り除くための対策を検討する．

手順５　対策実施

対策効果の大きなものから優先的に実施する．

手順６　効果確認

実施した対策で効果が上がっているかを確認する．できれば，対策ごとに効果を確認する．

手順７　標準化と管理の定着

効果があった対策を継続的に実施できるよう標準化して，管理の定着を図る．

手順８　反省と今後の対応

今回の活動全体を振り返り，今後の活動の進め方を考える．また，残された問題がある場合は，取組み計画を検討する．

ここまで本問の問題文に沿って問題解決型 QC ストーリーの各手順を示したが，これに基づいて各設問の解説を行う．

① 59 問題文の手順２では，最近の６か月間の残業の発生状況を調査し“7 月に残業が集中して発生していることがわかった”と記載があるので，現状がどうなっているかについて確認したことになる．つまり，**現状把握**を行ったことがわかる．よって，オが正解である．

② 60，61 問題文の手順３では，“現状の残業 200 時間をゼロとする”と記載があるので，取り組む活動の達成目標を設定していることになる．つまり，**目標設定**を行っていることがわかる．また，“全員”で“5W1H を明確にして活動を展開する”といった記載があるので，活動全体にどのように

取り組んでいくかを立案して活動していることになる．つまり，**実施計画**を立てて活動していることがわかる．よって，60 はエ，61 はアが正解である．

③ 62 問題文の手順4では，“業務のどこに問題があるのか”を“特性要因図を作成”して“対策案について検討”と記載されている．また，特性要因図は衆知を集めて要因を探索する場合に有効なQC七つ道具の一つなので，ここでは**要因解析**を行ったことがわかる．よって，ウが正解である．

④ 63 問題文の手順5では，“期待効果の大きなものから順に取り組んだ”と記載があるので，着実に対策を進めていることになる．つまり，ここでは対策案の検討を経て**対策実施**に取り組んだことがわかる．よって，キが正解である．

⑤ 64 問題文の手順6では，“実施した対策内容ごとに効果を把握”し，“対策前後のパレート図を比較”するという記載がある．また，“対策前後のパレート図を比較”すると問題に対する対策内容ごとの寄与度の変化（効果）が明確になるので，つまり，ここでは**効果確認**を行ったことがわかる．よって，エが正解である．

⑥ 65 問題文の手順7では，“業務手順書の一部改訂と追記作成”をし，“業務方法”の“管理の定着を図る”と記載がある．手順書は標準化を行う場合によく用いられる文書である．つまり，ここでは管理の定着に向けて**標準化**を行ったことがわかる．よって，イが正解である．

解説 3.2.3

［第10回問16］

この問題は，問題解決型QCストーリーの進め方について問うものである．QCストーリーを進めるステップの中で有効な手法とその名称などについて理解しているかどうか，特にQC七つ道具，新QC七つ道具について理解しているかどうかが，ポイントである．

解答

72	ウ	73	イ	74	カ	75	ア	76	ウ
77	カ	78	オ						

72 活動計画を作成する際に，不測の事態が発生した場合の打開策をあらかじめ考慮しておくことは非常に大切なことである．新 QC 七つ道具の“PDPC 法”は，“事前に考えられるさまざまな結果を予測し，プロセスの進行をできるだけ望ましい方向に導く方法”[15] であることより，この設問の場面では最も適した手法であるので，ウが正解である．

73, 74 どちらも結果と原因の関係を表したいときに用いる手法が問われている．QC 七つ道具の“特性要因図”は，“特定の結果と原因系の関係を系統的に表した図”[4]（JIS Z 8101-2）である．そして，新 QC 七つ道具の“連関図法”は“原因—結果，目的—手段などが絡み合った問題について，その関係を論理的につないでいくことによって問題を解明する手法”[16] である．よって，問題文から判断すれば，73 はイが，74 はカが正解である．

75 手法を使ってうまく原因を導き出した後は，本当にその原因が結果に影響を及ぼしているのかを確認しておく必要がある．もし，影響を及ぼしていないにもかかわらずそれを真因として対策を実施しても，当然，結果は何も変わらない．確認は，実際にデータを採取，解析し，データで検証するとよい．よって，アを選択できる．

76 新 QC 七つ道具の“系統図法”は大きく分けて，方策展開型と構成要素展開型の二つのタイプがある．方策展開型は，目的と手段の関係を枝分かれさせながら展開していくことにより，有効な方策を得ようとする方法で，構成要素展開型は，対象を構成している要素を目的—手段の関係で樹形図に展開するもので，例えば，製品の品質特性とその要因の因果関係を示すときに用いるなど，事実を分析することによって中身がどうなっているか明らかにする方法である．設問は，対策案を洗い出す手法を問うているので，この場合，方策展開型の系統図が当てはまる．よって，ウが正解である．

77　効果の確認の段階は，実施した対策（改善）事項が結果にどのような影響を与えたのかを確認するステップである．よって，カが正解である．

78　標準化と管理の定着の段階は，改善効果が元に戻らないように標準化（あるいは歯止め）を行い，改善効果の定着，すなわち維持状況を確認するステップであるので，オが正解である．

3　級

第 4 章

品質保証
—新製品開発—

解説

4.1 結果の保証とプロセスによる保証，品質保証体系図，品質保証のプロセス，保証の網（QA ネットワーク）

解説 4.1.1

［第 23 回問 11 ②］

本問は，品質保証に関する ISO 9000 シリーズ（近年は“ISO 9000 ファミリー”ともいう）での考え方，並びに品質保証体系図について問うものである．組織全体で品質保証を効果的・効率的に実践していくうえでの考え方や方法について理解しているかどうかが，ポイントである．

解答

69 キ	70 ク	71 イ

② 69 ～ 71 品質を保証するためには，顧客が求める製品やサービスのニーズを把握したうえで，このニーズを満足するため製品やサービスの企画段階から顧客使用後の廃棄に至るまでの各ステップで，どの部門が，どのような活動を行うかを体系化して活動を行うことが重要である．その品質保証体系を図示したものを，**品質保証体系図** 69 という．

品質保証体系図は，前述のとおり製品やサービスの開発から販売，アフターサービス等に至るまでの各ステップの業務を各部門間に割り振ったもの[3)]で，一般的に上から下の**縦方向** 70 にステップを書き出し，左から右の**横方向** 71 に部門を配置して，各ステップにおける各部門及び部門間での行為について，フローチャートで示される．この図を作成することにより，部門間の役割が明確になり，組織間での仕事の押し付け合いもなくなるので，組織全体での品質保証活動を効率的に推進することができるなどの利点がある．

したがって，69 はキ，70 はク，71 はイがそれぞれ解答となる．

4.2　品質機能展開（QFD）

解説 4.2.1

［第21回問14］

この問題は，新製品開発における品質保証活動の進め方を問うものである．1級レベルになると一連の流れにおける各活動での詳細内容を問う問題が出題されているが，3級でも大まかな流れやそれぞれの段階での実施事項の概要などは理解しておく必要がある．

解答

78 カ	79 コ	80 ウ	81 コ	82 ケ
83 オ	84 イ	85 キ		

① 78～80　市場から情報を収集するために実施することは，市場調査である．その調査方法には，顧客との面接やアンケート調査などがあり，調査の目的や規模に応じて最適な方法を選定すればよい．こうした市場調査で得られた要求品質（ニーズ）はそのままでは使えないので，品質特性に置き換えを行う．例えば，要求品質が“壊れにくい”とか“長もちする”といった場合は，品質特性として“耐久性”や“信頼性”という言葉やそのニーズを満たすような具体的な数値などに置き換えるのである．こうして，市場の言葉を品質特性に置き換え，製品の品質目標を策定し，さらにそれを実現するために各機能部品や個々の構成部品の品質，及び工程の要素に展開する方法を“品質機能展開”又は“品質展開”と呼んでいる．以上より，78はカ，79はコ，80はウがそれぞれ正解である．

② 81，82　開発段階で故障の原因追究や,故障した際の影響調査などを目的として実施される代表的な実施事項にFMEAとFTAがある．FMEAは，“Failure Mode and Effects Analysis”の略で，ある部品の故障がシステムにどのような影響を与えるのかを影響度の大きさや該当する故障の発生頻度などの指標を用いて解析する手法である．またFTAは，“Fault Tree

Analysis”の略で，故障などの好ましくない事象について発生経路や発生原因などを解析する手法であり，故障の木解析とも呼ばれる．以上より，81はコ，82はケがそれぞれ正解である．

③　83　設計段階では，設計にインプットすべきニーズや設計仕様などの要求品質が，設計のアウトプットに漏れなく織り込まれ，品質目標を達成できるかどうかを審査する必要がある．これを設計審査（DR）という（DRは“Design Review”の略）．よって，オが正解である．

④　84，85　製品の欠陥が原因で生じた人的・物的損害に対して製造業者らが負うべき賠償責任のことを製造物責任（PL）という（PLは“Product Liability”の略）．日本では1994年に製造業者の無過失責任を定めた製造物責任法が公布され，翌1995年から施行されている．ここでのポイントは製造業者の過失の有無によらず責任を負うということであるので，欠陥のない製品を製造するようにしなければならない．そのためには，製品を生み出す過程のなるべく源流の段階で品質に関する不具合を予測し，その措置を行う必要がある．この活動は源流管理と呼ばれ，問題を後に残さないようにする管理の仕組みである．以上より，84はイ，85はキがそれぞれ正解である．

4.3　DRとトラブル予測，FMEA，FTA

解説 4.3.1

［第25回問14］

この問題は，ある会社で設計・開発にかかわる人員を増強する際の啓発活動を行うという場面設定で，新製品開発に関連する事項について問うものである．新製品開発にかかわる手法などを広く理解していることが求められている．

解答

76 ク	77 ア	78 オ	79 カ	80 ウ

① 76　顧客に製品・サービスを提供した後，不具合が発生してから対応するのは当然のこととして，不具合を前もって予測し，予防することが大切である．不具合には期待されている機能が働かないという状況があり，これを故障という．その故障がどのような状態で生じたのかを示すものを故障モードといい，例えば割れ，変形，緩み，漏れ，焼き付き，曲がり，ばり，汚れ，変形，断線，短絡，摩耗などがある．この故障モードを予測して，原因や影響を解析して優先度を評価して未然防止に取り組む．この手法を故障モード影響解析（failure mode and effects analysis）といい，略して**FMEA**という．よって，クが正解である．

② 77　設計・開発は，専門家である設計開発者によって進められる．しかし，設計開発者は設計・開発の専門家なので，製造，購買，品質保証などの知見が十分であるとは限らない．したがって設計・開発が終わった後で，製造がしにくいことがわかったり，調達しにくい材料を選択したりすることが起こってしまう可能性がある．これを防ぐために設計・開発の適切な段階で，必要な知見をもった人が集まって評価し，次の段階に進んでよいかどうかを確認決定することが行われている．これを**デザインレビュー**（**DR**）という．よってアが正解である．

デザインレビューは，段階ごとに目的を設定し，DR 1，DR 2，DR 3……

と段階に応じたデザインレビューをすることが多い．

③ 78 品質保証のプロセスとして，品質を工程で作り込むことが求められている．そのためには，自工程において品質保証項目を満たすことや，不具合・不適合を発生させないこと，後工程に不具合・不適合を流出させないことが肝心である．満たすべき品質保証項目や不具合・不適合をどの工程で発生防止，流出防止をするのか仕入先から納入先のすべての工程を考慮し，目で見てわかるようにすることが大切である．さらにランク付けをしたうえで，目標や現状，改善項目，改善後の保証レベルを一覧表にして明確にすることで，発生防止，流出防止の取組みを確実に行う．この一覧表を**保証の網**（**QA ネットワーク**）という．よって，オが正解である．

④ 79 FMEA などで明らかにされた致命的な故障など発生が好ましくない事象について，対策を打つべき発生経路，発生要因，発生確率を解析するために，因果関係を目で見てわかるように樹形図で示したものを故障の木(fault tree analysis)といい，略して**FTA**という．よって，カが正解である．

⑤ 80 顧客や社会のニーズ・期待を的確にとらえ，設計・開発を進めていくことで顧客満足や社会貢献が得られる．しかし，いくら顧客や社会のニーズ・期待を的確にとらえることができたとしても，それだけでは，具体的に設計・開発を進めることができないので，顧客や社会のニーズ・期待から，より具体的な要求品質，品質特性に変換しなければならない．そのための方法論として**品質機能展開**（**QFD**）がある．よって，ウが正解である．

品質機能展開は“製品に対する品質目標を実現するために様々な変換及び展開を用いる方法論”と定義され（JIS Q 9025），品質展開，技術展開，コスト展開，信頼性展開，業務機能展開の総称としている．

4.4 製品ライフサイクル全体での品質保証，製品安全，環境配慮，製造物責任

解説 4.4.1

[第28回問13 ④]

この問題は，製造物責任法（PL法）を取り上げている．使用者保護を重要視する最近の動向を背景に，製造物責任は重要度を増しており，その適用の目的や主な適用場面やその具体的な方法を理解しているかどうかがポイントである．

解答

72 エ	73 オ

④ 72, 73 PL（Product Liability：製造物責任）法とは，**製品の欠陥**（欠陥製造物）による被害に対して，メーカー等が負うべき損害賠償の責任について定めた民法である．よって，72の正解はエである．

PL法の成立前は，製品を作り出した企業の行為に問題（過失）があったことを立証する（過失責任という）必要があったが，PL法は，問題となった製品の欠陥のみを立証（無過失責任あるいは厳格責任という）すればよいことを法律化したものである．よって，73の正解はオである．

解説 4.4.2

[第24回問13 ②]

この問題は，ライフサイクルに関する基礎的な知識を問うものである．2級レベルになるとさらに実践的な内容で出題されているが，3級レベルでも言葉としてどのような意味であるかを理解しておくことが求められている．

解答

75 カ	76 ウ

② 75, 76 製品の企画設計から製造，さらには販売・使用・廃棄（あるいは再利用）に至るまでのすべての段階を総称してライフサイクルと呼んでいる．このライフサイクルを通じた環境負荷に着目し，それを**定量的**に評価する手法として**ライフサイクルアセスメント**が提唱され，現在はISO（国際標準化機構）による環境マネジメントの国際規格（ISO 14000 シリーズ）の一つになっている．

以上より，75 はカ，76 はウが正解である．

解説 4.4.3

［第27回問16 ③］

この問題は，新製品開発ライフサイクルコストの知識を問うものである．前問と同様に言葉の意味合いを理解しておきたい．

解答

91 エ

③ 91 文中にある“低減”を考えると，“不具合”と“コスト”が思いつく．二つ目の文章に“運用コスト”や“廃棄コスト”と記載されていることから，製品の一生に関わるコストと推察できる．製品の一生に関わるコストは**ライフサイクルコスト**という．よって，正解はエである．

4.5　保証と補償，市場トラブル対応，苦情とその処理

解説 4.5.1

［第 24 回問 14］

この問題は，工程異常時の対応，工程解析について問うものである．異常原因の追究に活用する QC 七つ道具や工程能力指数，再発防止のための変化点管理の考え方を理解しているかどうかが，ポイントである．

解答

77	イ	78	ケ	79	ウ	80	エ	81	エ
82	イ	83	キ	84	オ				

77　77 の後の文章に“分布の形は二山型で”とあり，分布の形を表すツールがあてはまることがわかる．選択肢の中では**ヒストグラム**だけが該当し，正解はイである．

78　78 の前に“データを機械ごとに”とあり，これに続く表現を選択肢から探すと“確認”，“層別”である．“確認”でも意味が通るが，データを機械ごとに確認するよりも，機械ごとに**層別**して確認するほうがデータのより詳細な解析になるという意味で適切である．よって正解はケである．

79，80　79，80 ともに工程能力指数の値を求めているため，一見すると値を計算できそうだが問題内には値を計算するための情報がない．このため問題文から値を絞り込み，選択肢から該当する値を選ぶ．

1 号機の C_p は 1.37 であるため C_{pk} は 1.37 以下である．2 号機も同様に考えると C_{pk} は 1.15 以下である．次に問題文に“今回の不適合は 1 号機に起因したもの”とあり 1 号機は C_p が 1.37 と大きいにもかかわらず不適合があるため C_{pk} が 1.0 より小さいことがわかる．また“2 号機は十分ではないが今のところ問題ない”とあり 2 号機は C_p が 1.15 と十分ではないが C_{pk} は 1.0 以上であり問題ないことがわかる．

以上より，79 は 1.0 より小さい選択肢である **0.85** があてはまり，正解

はウである．80 は $1.0 \leqq C_{pk} \leqq 1.15$ の範囲内である **1.09** があてはまり，正解はエである．

81，**82**　1 号機は C_{pk} が 1.0 より小さいため平均値の**かたより**に問題がある．これを解決するためには，分布の平均値すなわち分布の**中心**を規格の中心に移動させる必要がある．よって正解は 81 がエ，82 がイである．

83　$C_p = \dfrac{\text{規格の幅}}{6 \times \text{標準偏差}}$ である．この式から，C_p を 1.15 から 1.33 に大きくするためには，“規格の幅”を大きくするか“標準偏差”を小さくすることになる．問題文では 2 号機を“改善”していく，また値を“小さくする”と記述されていることから，2 号機のデータの標準偏差を小さくすることになる．標準偏差は選択肢では**ばらつき**と言い換えることができるため正解はキである．

84　84 の“管理”は問題文にある“変わっていないかという観点”による管理である．“変わる”つまり“変化”についての管理であるため“変化点管理”である．選択肢から見ていく場合には，○○管理とできるのは“方針”，“計測”，“変化点”，“目標”である．これらのうち問題文にある問題の再発防止に該当しそうな管理は“変化点”管理以外には“計測”管理である．問題文には“精度”とあり計測管理にも関連するが“作業条件など”と計測以外も含めることから，関係する“変化点”を管理する**変化点管理**が適切である．以上より，正解はオである．

3 級

第5章

品質保証
―プロセス保証―

解説

5.1 プロセス(工程)の考え方，QC 工程図，フローチャート，作業標準書

解説 5.1.1

［第 14 回問 17］

この問題は，プロセス（工程）管理の考え方と用語を問うものである．工程管理の基本的な考え方を用語とともに理解しているかどうかが，ポイントである．

解答

84 ウ　85 ク　86 イ　87 キ　88 エ
89 カ

用語を入れて文章を完成させる問題であるため，空欄の前後の単語や文章，そして用語を空欄に入れたときに文章として成り立つかを確認しながら解答していくとよい．

84 空欄に入れてみて文章がつながる選択肢はウの“検知”とオの“防止”である．キの“検査”も入りそうであるが，製品異常を検査するのであって工程異常を検査することはしない．そこで空欄の後の文章を確認すると，空欄の事項を実施したうえで“再発防止を行う”とある．工程異常を“防止”して，さらに再発防止を行うことはしないため，空欄には工程異常を発見する用語である“検知”をあてはめるのが妥当である．よって，正解はウである．

85 85 の空欄は問題文中に二つある．“○○化”と“化”がつけられ，かつ“○○する”と動詞にもなる選択肢を探すと，クの“安定”のみ該当する．“安定”を空欄に入れたプロセスについての文章も妥当である．よって，正解はクである．

86 プロセスの安定状態を管理するためには，何をどの値・範囲で管理するかを決める必要がある．“何を”の部分が空欄の部分，“どの値・範囲”の

部分が“管理水準”である．“何を”に該当する選択肢はイの“項目”だけであり“管理項目”という用語が妥当である．よって，正解はイである．

87 “厳重な”につながる選択肢はキの“検査”だけである．“検知”もつながりそうであるが，84 のほうがより適切であり“厳重な検知”という表現は考えづらい．オの“防止”もつながりそうであるが，文章としては“防止策”や“対策”でなければつながらない．よって，正解はキである．

88 空欄前後の文章からは何か望ましくない事態につながることがわかる．悪いことを示す選択肢はエの“コストアップ”だけである．この一文の前半には“コストをかけて”という記載があることからしても，“コストアップ”が妥当である．よって，正解はエである．

89 空欄の後の文章にある“…に間に合わなかったり”につながる選択肢はカの“納期”あるいはキの“検査”であるが，“検査”は 87 のほうが適切であり，またさらに後の文章に“量が確保できなかったり”とあるため，“量”に対応する選択肢としては時間を表す“納期”のほうが適切である．よって，正解はカである．

第5章

解説 5.1.2

［第22回問13］

この問題は品質保証におけるプロセス保証の考え方を問うものである．よいアウトプットを生み出すためには，アウトプットの管理だけではなく，生み出される過程であるプロセスを管理することが重要である．

解答

69	エ	70	イ	71	キ	72	ア	73	エ
74	ク	75	イ	76	カ				

① 69, 70 品質管理で大切なことの一つとして，よい品質を生み出し続けることがある．生み出し続けるためにはその過程（プロセス）を管理し，不適合品を作らないことが重要である．この基本的な考え方を“品質は

工程で作り込む”と呼んでいる．よって，69はエが正解である．

また，“プロセス”は，JIS Q 9000:2015で“インプットを使用して意図した結果を生み出す，相互に関連する又は相互に作用する一連の活動”[12]と定義されており，インプットをアウトプットの形に変えるという文脈から70はイの“変換”を選択することができるが，JIS Q 9000の旧版である2006年版の定義は“インプットをアウトプットに変換する，相互に関連する又は相互に作用する一連の活動”[13]とあるので，ここからも70にはイがあてはまることがわかる．

② 71，72 工程（プロセス）管理の基本はSDCAである．SDCAとは，実現するための手順の設定（Standardize），手順どおりの実施（Do），結果の確認（Check），必要に応じた処置の実施（Act）のことであり，それぞれの頭文字をとってSDCAとしている．これをPDCAのサイクルと同じように工程（プロセス）管理の中で繰り返し行い，意図したアウトプットになるように工程（プロセス）を管理していかなければならない．このようなプロセスに対する一連の活動をプロセス保証と呼ぶ．以上より，71はキ，72はアがそれぞれ正解である．

③ 73～76 プロセスにおける特性と要因の関係を明らかにする活動を工程解析と呼ぶ．工程解析は工程の管理，改善に先立って十分行うべき重要なものである．工程解析では，プロセスで管理する項目（管理項目）と，アウトプットである製品やサービスの諸元である品質特性との因果関係を調査し，意図した品質特性にするために管理すべき管理項目を明確にする．明確にしたものについてはQC工程図などに標準化を行い，工程管理ツールとして活用する．以上より，73はエ，74はク，75はイ，76はカがそれぞれ正解である．

解説 5.1.3

［第20回問16］

この問題は，工程管理の一般的な知識を問うものである．工程管理の活動や用語について理解しているかどうかが，ポイントである．

解答

81	カ	82	ア	83	オ	84	イ	85	エ
86	オ	87	キ						

① 81 問題文は，作業標準書そのものの説明である．自信がない場合は，“…判断基準を 81 に記載する…”と書かれているので，書類の一種ではないかと推察してもよい．選択肢の中に，書類を示す用語は“作業標準書”しかない．よって，正解はカである．

② 82 問題文からキーワードを探ると，“発見”，“識別”がヒントになりそうである．選択肢に“見える化”と“文書化”があるが，特性の推移を識別するという目的から，工程の様子を視覚的にわかるようにすることを示す用語があてはまると考えられるので，“見える化”がふさわしい．よって，正解はアである．

③ 83 問題文中の“工程の変動を効率よく低減する”という記述から，5M1Eの変化を調べることや統計的なアプローチを想像する．選択肢に“品質改善”があるが，これは変動要素とはいわないので，統計的な意味合いから，“かたより”を選ぶことができる．正解はオである．

④ 84 一般に，広義の品質として，品質（quality），コスト（cost），量・納期（delivery）が取り上げられる．これらの頭文字をとって“QCD”という．さらに安全（safety）を加える場合もある．よって，正解はイである．

⑤ 85 問題文中の“対策”というキーワードから，“是正処置”又は“未然防止”が正解候補となるが，文意から未然防止である．よって，正解はエである．

⑥ 86 文意から，文書の名称を問うていることがわかるので，選択肢の

中から唯一これにあてはまる“QC 工程図”を選ぶことができる．よって，正解はオである．

なお，QC 工程図は，QC 工程表，工程管理表，工程保証項目一覧表などとも呼ばれている．

⑦ 87 問題文から，ポカヨケの同義語を探せばよいことがわかる．選択肢にポカヨケを直訳したフールプルーフがあるので，正解はキである．なお，フールプルーフはエラープルーフともいい，最近は，ポカヨケやフールプルーフよりエラープルーフを用いることが一般的である．

なお，選択肢カのフェールセーフとは，“故障時に，安全を保つことができるシステムの性質”[6]（JIS Z 8115）である．例えば，鉄道の踏切の遮断機は，故障した場合には，安全のために自重でバーが下がる仕組みになっている．

解説 5.1.4

［第 8 回問 13］

この問題は，製造工程を管理するうえでの基本的な方法を取り上げている．よい品質の製品を作るために，製造工程をどのように管理すべきか，また，管理とは何かについて，理解しておく必要がある．

解答

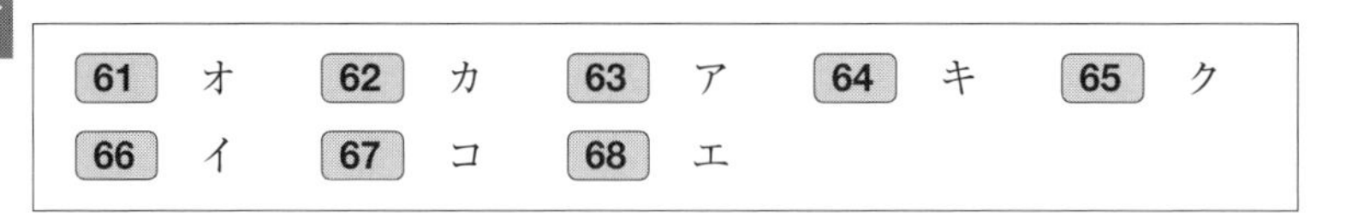

61	オ	62	カ	63	ア	64	キ	65	ク
66	イ	67	コ	68	エ				

① 61, 62 製造工程における生産の要素としては，問題文にあるとおり，“原材料・外注品～測定・試験”などがあり，これらを一言で表す言葉として，それぞれを英語に置き換えたとき（Material, Machine, Man, Method, Measurement）の頭文字をとって“5M”と表現される．よって，61 はオを選択できる．

次に 62 は，問題文の“整理～しつけ”までを一言で表す言葉であり，こちらはそれぞれをローマ字で置き換えたとき（Seiri, Seiton, Seisou, Seiketsu, Sitsuke）の頭文字をとって，“5S”と表現される．よって，カを選択できる．

② 63 ～ 68　63 は，問題文に“材料・部品の供給から完成品として出荷されるまでの工程を図示し，各工程の管理項目と管理方法を明示したもの”とあることから，選択肢から，“ア．QC 工程表”か，“ウ．工程図”が該当しそうだと考えられるが，工程図は，一般に製造工程の途中状態を表す図面や物の生産工程の流れを表した系統図を指すため，各工程の管理項目や管理方法は明示されない．よって，63 はアを選択できる．

次に 64 は，問題文に“…製造するための作業基準を定めたもので，その内容には，作業方法…”とあることから，“キ．作業標準書”を選択できる．

製造工程で常に管理すべき指標として，一般的に Q（Quality：品質），C（Cost：コスト），D（Delivery：納期）があり，65，66 の部分がこれに該当する．よって，65 は“ク．品質”を，66 は“イ．納期”を選択できる．

製造工程を管理するうえで重要な管理項目として，製品の品質や作業を実施した結果を管理することがあげられ，これを結果 67 系の管理とよんでいる．さらに，製造工程では，これに加えて未然防止の観点から，結果に影響を及ぼす要因を管理し，結果として不適合などになる前に積極的に調整・是正を行い，安定した品質の製品を作らなくてはならない．これを原因 68 系の管理とよんでいる．よって，67 はコを，68 はエを選択できる．

5.2　工程異常の考え方とその発見・処置

解説 5.2.1

［第 18 回問 11］

この問題は，工程管理における異常原因に関する知識を問うものである．異常原因は系統的異常原因（突発変異），散発的異常原因，慢性的異常原因に分類されること，それぞれの意味を理解していることが，ポイントである．

解答

62 ウ　63 ウ　64 ア　65 イ

① 62 問題文にある“作業者が変わった，作業標準を守らなかった，守れなかった，材料ロットの変わり目にいつもと違うことが起こった，機械の性能が低下した”等のことについて，こういった事象に関係の深い言葉を選ぶ問題となっている．作業者，作業標準，材料，機械というキーワードに着目すると，それぞれ Man，Machine，Material，Method に相当することがわかる．これらは 4 M（よんえむ）と呼ばれる．よって，ウが正解である．

4 M の変化が何らかの悪影響を及ぼすことが経験的にわかっているので，工程管理においては，この 4 M の変化に特別な注意を向ける必要がある．特に 4 M に“初めて”，“変更”，“久しぶり”の 3 H（さんえいち）がある場合，これを 4 M 3 H（よんえむさんえいち）と呼んで注意を促し，不適合の発生を防止する活動が行われている．

② 63 ～ 65 異常原因の発生の型を時系列で把握するとわかりやすい．系統的異常原因（突発変異）とは，安定していた状態から，突然変異が発生し，かつ手が打てない状況を発生させる異常原因のことをいう．**解説図 18.11-1** に系統的異常原因の発生の型を示す．

散発的異常原因とは，異常がときどき発生し安定な状態が維持できない状況を発生させる異常原因のことをいう．**解説図 18.11-2** に散発的異常原因の

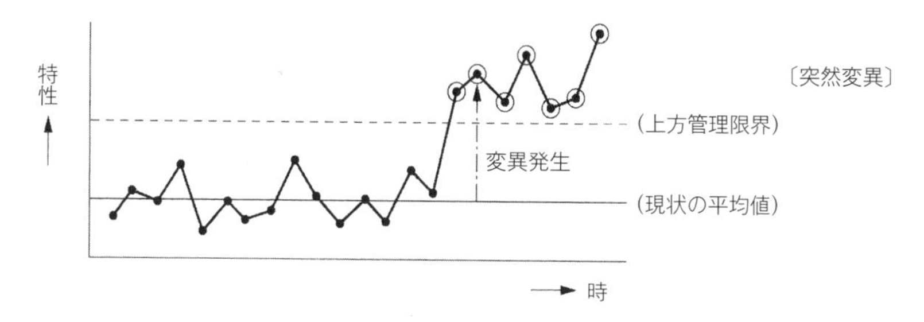

解説図 18.11-1　系統的異常原因の発生の型 [1)]

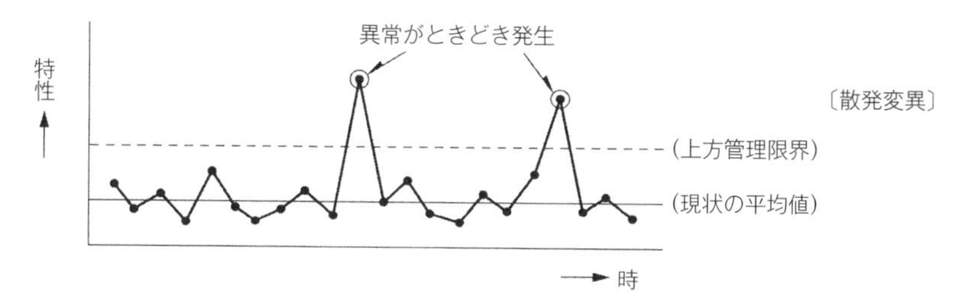

解説図 18.11-2　散発的異常原因の発生の型 [1)]

発生の型を示す．

慢性的異常原因とは，いつまでたっても手が打てず慢性的に目標を満たせない状況を発生させる異常原因のことをいう．**解説図 18.11-3** に，慢性的異常原因の発生の型を示す．

以上により，選択肢アの“現場管理上あるいは管理外の問題（作業員の製品や部品の取扱い不注意，作業員の疲労，大気温度の変化の影響等）である

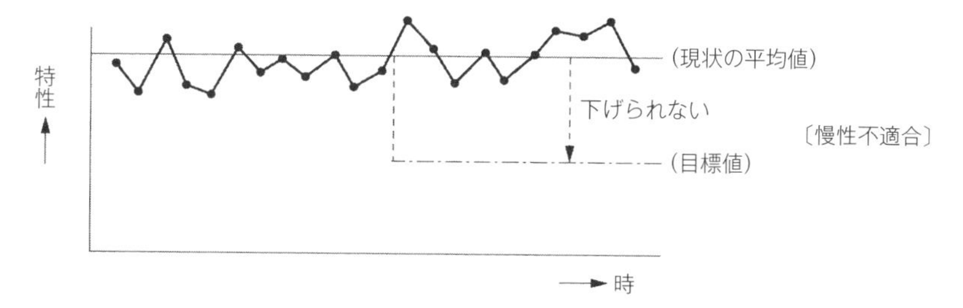

解説図 18.11-3　慢性的異常原因の発生の型 [1)]

ことが多く，規則性がないと思われる原因”は，散発的異常原因といえる．

イの“技術力不足や工程管理能力不足等で現状再発防止が取られていない原因”は，慢性的異常原因といえる．

ウの“規則性，周期性を持っているようであるが，それが把握できていないために現状は瞬間的に起こっているように見える原因”は，系統的異常原因（突発変異）といえる．

よって，63 はウ，64 はア，65 はイがそれぞれ正解である．

解説 5.2.2

［第 26 回問 15］

この問題は，工程管理について問うものである．工程で異常が認められたときの処置の対象や考え方について理解できているかが，ポイントである．

解答

84 オ　85 コ　86 ウ　87 キ　88 エ
89 イ

① 84，85 工程で異常が認められたときにまず行うことは，現地現物で，異常が起きている工程とその工程から作り出された製品がどのような状態になっているのかを確認することである．そのうえで，異常が発生した工程に対する処置と，その工程から作り出された製品に対する処置を行う．前者の工程に対する処置を行ううえで，原因がどこにあるのかの究明をするための切り口は，5M1E と呼ばれる Man（人・作業者），Machine（機械・設備），Material（材料・部品），Method（方法・手順），Measurement（測定），Environment（環境）である．その例として，Machine（機械・設備）に着目し，設備の異常が原因のトラブルであれば，故障部品を交換する，設定条件を修正するなどとなる．後者の異常な工程から作り出された製品に対しては，不適合品となることも考えられるため，異常の対義語となる**正常**な工程から作り出された製品と混同しないよう，識別区分などの処置が

必要となる．製造業では，“赤箱”といって，異常が認められた工程から作り出された製品をわかりやすいよう赤い箱に入れて識別するなどの工夫を行っている会社もある．このように異常を起こしている工程及びそれから作り出された製品に対する処置を行うことで被害を最小限に止めることができ，この一連の活動を**応急処置**という．

したがって，84はオ，85はコが解答となる．

② 86，87 ①で解説した応急処置は大変大事であるが，異常が発生した真の原因が何かを追究し，除去しない限りまた同じことが繰り返されることとなる．そこで，起きた異常が二度と起こらないような再発防止に取り組むことが必要となる．この再発防止の胆（きも）となるのが，前述した“真の原因の追究”であり，この真の原因を**根本原因**ともいう．このように根本原因を突き詰めて確実に除去し，二度と同じ異常が起きないようにすることが重要であり，この一連の活動を**是正処置**という．

したがって，86はウ，87はキが解答となる．

③ 88，89 前問のとおり異常が発生すると応急処置と是正処置の二つの処置を確実に行う必要があるが，そもそもどのような状態のことを異常とするかを決めておく必要がある．この決めておくことを**定義**といい，この異常の定義があいまいであると異常に気づかず，見過ごしてしまうこともあり得る．そうなると，処置が遅れて異常と認められた工程で作り出される製品が多くなり，場合によっては不適合品を多く作ってしまい，損失が拡大してしまうことにもなる．このことから，異常を明確に定義し，あいまいなままの判断を小さくする必要があり，この小さくすることを**極小化**という．

また，異常が発生したときに関係者への連絡や情報の共有などがスムーズに行われて，しっかりと連携して処置が迅速かつ確実に実行できるように対処の方法も具体的に決めておくとよい．

したがって，88はエ，89はイが解答となる．

5.3　工程能力調査，工程解析

解説 5.3.1

［第 18 回問 12］

この問題は，ある工程のリーダーと係長の会話に沿って製造工程における問題解決の進め方を問うものである．QC 七つ道具や工程能力の理解に加え，問題解決の手順を実務で経験しておくとよい．

解答

66 カ　67 ク　68 ウ　69 イ　70 ア
71 イ　72 ク

66　外径など計量値データの実態を把握するためには，一般的にヒストグラムが適している．ヒストグラムから分布の形状が読み取れるため，正規分布にかたよりはないか，二山(ふたやま)になっていないかなど確認できる．したがって，カを選択できる．

67　分布の形状が二山型であることから，二つの母集団が混在していることが予想される．この工程では，2 台の旋削機を使用しているため，旋削機別にデータを層別して確認する必要がある．したがって，クを選択できる．

68　計量値の場合，正常であれば正規分布に従うが，正規分布にはさまざまな異常に起因した形状がみられる．事例の二山型以外にも山が飛び離れていたり，左右どちらかに偏ったりした形状も注意が必要である．通常きれいな左右対称の釣り鐘のような形を示す正規分布を一般型と呼ぶ．したがって，ウを選択できる．

69～71　工程能力 C_p は一般的に 1.33 以上であれば，その工程は公差幅に対し安定したばらつきで生産が可能であると判断する．一方，かたよりを考慮した C_{pk} については，一般的に 1.0 以下であれば工程能力が不十分と判断し，何らかの対策を要する．今回 2 号機は C_p，C_{pk} 共に 1.33 以上であり問題ないが，1 号機は C_p は 1.33 以上あるものの，C_{pk} が 1.0 以下であることから何らかの問題があるものと判断する．C_{pk} のみ問題があるということは，規格の中心に対し，分布の中心が左右どちらかに偏っていることを意味する．したがって，69 はイ，70 はア，71 はイをそれぞれ選択できる．

72　問題文からは，経験が浅い作業者に急遽変わったために決められた事項が守れていなかったことがここでの問題の原因であったと解釈できる．この会話では機械のセット状況が挙げられているが，“作業条件，作業方法，管理方法，使用材料，使用設備その他の注意事項などに関する基準を定めたもの”[12)]（旧 JIS Z 8101）で，守らなければ直接品質に影響を及ぼすのは作業標準である．したがって，クを選択できる．

なお，なぜ決められたことを守らなかったのかを，（原因と結果の連鎖を“それはなぜか”と遡（さかのぼ）って分析する）なぜなぜ分析を使うなどしてさらに深く真因を追究すると，再発防止に結び付けることができる．

5.4 検査の目的・意義・考え方，検査の種類と方法

解説 5.4.1

［第 20 回問 18］

この問題は，検査について問うものである．検査の種類と方法について理解しているかどうかが，ポイントである．

解答

96	イ	97	エ	98	ウ	99	オ	100	ア
101	カ								

96，**97** ケース①では，“不適合判定されたモジュールを取り除き，適合品のみを次工程に送った”とあり，工程の途中での検査であることが読み取れるので，実施段階の分類は中間検査となる．また，“自動検査装置により”とあり，自動での検査であることから，すべてのモジュールが対象となっていることが読み取れるので，実施方法による分類は全数検査となる．したがって，96 はイが，97 はエがそれぞれ解答となる．

98，**99** ケース②では，“すべて適合品であったため検査合格として出荷の処理をした”とあり，出荷前の最終段階での検査であることが読み取れるので，実施段階の分類は最終検査となる．また，“製品 100 個のうち 5 個について”とあり，すべての製品を対象としての検査は行っていないことが読み取れるので，実施方法による分類は抜取検査となる．したがって，98 はウが，99 はオがそれぞれ解答となる．

100，**101** ケース③では，“a 社から納入された樹脂原料について”とあり，樹脂原料を受け入れたタイミングでの検査であることが読み取れるので，実施段階の分類は受入検査となる．また，“過去の品質状況および添付された試験成績書をもとに検査合格と判定した”とあり，供給側の情報をそのまま使用していることが読み取れるので，実施方法による分類は間接検査となる．間接検査とは，“受入検査，購入検査などで，供給側の実施したロッ

トについての検査成績を，そのまま使用して確認することにより受入側の試験・測定を省略する検査”[1)] のことである．したがって，100 はアが，101 はカがそれぞれ解答となる．

解説 5.4.2

[第22回問14]

この問題は，検査について問うものである．検査の定義や分類，種類を理解しているかどうかが，ポイントである．

解答

77	イ	78	ア	79	イ	80	ア	81	ア
82	エ	83	イ						

① 77, 78　問題文は，旧 JIS Z 9001:1980 の“検査”の定義に基づいていると推察されるが，定義を知らなくても問題文の文脈から判断することができる．

問題文の 77 の空欄の前は，“個々の品物の”とあり，78 の空欄の前は“ロットの”とある．77 は対象が品物であるため，選択肢からは“品”がつくイの“適合・不適合品”があてはまる．また，78 は対象が個々の品物ではなくロット全体であるため，アの“合格・不合格”があてはまる．

② 79, 80　問題文の 79 の空欄の後に列挙されている検査は，受入，購入，工程間，中間，最終となっており，これらは工程の最初から最後までの各工程で実施される検査であることがわかる．よって，選択肢からはイの“段階”の分類があてはまる．

また，空欄 80 の後に列挙されている検査は，全数，抜取，無試験・間接となっており，これらは検査のやり方・方法の名前を付けた検査であることがわかる．よって，選択肢からはアの“方法”の分類があてはまる．

③ 81～83　81 は，問題文の空欄の後の記述にロット内の“全て”について検査を行うとあることから全数検査であり，正解はアである．

第5章

また，82と83は二つとも“省略する検査”とあることから，選択肢からはイの“間接検査”かエの“無試験検査”のどちらかであると考えられる．82の検査は，製品の品質や製品に対して用いられた技術に関する情報の活用によって試験そのものを省略することから“無試験検査”があてはまる．83の検査は，供給側からの検査成績を受入側で製品の受入時に行う受入検査の代用としていることから“間接検査”である．以上より，82の正解はエ，83の正解はイである．

解説 5.4.3

[第23回問12 ③④]

この問題は，検査についての知識を問うものである．検査とは何か，検査方法や検査の種類などについて理解しているかどうかが，ポイントである．

解答

75 オ　76 ウ　77 ア

③ 75 検査の方法の分類として，選定された特性についてグループ内すべてを対象に検査する全数検査がある．また，対象とするグループ（ロット）から，あらかじめ定められた検査方式に従いサンプルを抜き取って，それを試験してその結果をロットの**合格判定基準**と比較して，そのロット全体に対して合格・不合格の判定を行う抜取検査がある．よって，オが正解である．

④ 76, 77 抜取検査を大きく分類すると，検査単位の品質の表し方で区分される．検査単位の品質の表し方は，a)適合品・不適合品の区別による表し方，b)不適合数による表し方，c)寸法・重量などの計量値による表し方の3種類の区分がある．この区分に応じて抜取検査も次のように分類される．サンプル中の不適合品数や不適合数で合格・不合格を判定する**計数値抜取検査**と，サンプルから得られた計量的なデータの平均値と標準偏差でロットの合格不合格を判定する**計量値抜取検査**がある．そして，ロットが検査に継続して提出されるとき，その検査実績をもとに検査のきびしさを“なみ

検査”，“きつい検査”，“ゆるい検査”の３種類の検査に切り替える調整型の抜取検査も活用されている．よって，76はウ，77はアがそれぞれ正解である．

解説 5.4.4

［第24回問15］

この問題は，検査の標準類や検査作業，検査員のスキルに関する設問である．検査に関する用語やその概要について理解しているかどうかが，ポイントである．

解答

85	ウ	86	カ	87	オ	88	エ	89	ア
90	エ	91	イ						

①② 85～87　問題文冒頭の“検査は，誰が行っても同じ結果が得られることが重要である”の一文がキーとなる．選択肢の中から85にふさわしいと思われる候補は，“資格化”と“標準化”である．２か所ある85にそれぞれの単語を当てはめてみると，文意に合うのは，**標準化**であろうと推察できる．さらに“…86の立場で作成されており…”からも，検査の標準類の作成に関する文章とわかり，資格化ではないと考えられる．86には，後工程と対になりそうな類似の，**消費者**が当てはまる［後工程はお客様（＝顧客，消費者）という教えがある］．87は，“87に対する要求”という文章からはやや漠然として見当がつきにくいが，②の問題文の87から，明らかに，**作業方法**であるとわかる．

よって，正解は85がウ，86がカ，87がオである．

③ 88，89　“検査ミスを起こす88を分析すると…”の文意から，原因や要因が推測できる．選択肢から**要因**を見つける．また，“89が不明確，検査標準が不備…”から，ルールではないかと推測できる．選択肢の**品質判定基準**を選ぶ．

よって，正解は 88 がエ， 89 がアである．

④ 90 ， 91 検査員のスキルに関する問題なので，その観点から，それぞれを推察する． 90 は 3 か所あり，共通して違和感がないのは**精度**と思われる． 91 は，文意から“繰り返し”が推測できる．類語に**反復**がある．

よって，正解は 90 がエ， 91 がイである．

解説 5.4.5

［第 26 回問 12］

この問題は，検査について問うものである．検査の定義や使われる用語，検査の種類や検査方法をしっかり理解しているかどうかがポイントである．

解答

69 ○ 70 × 71 ○ 72 ×

① 69 問題文は，旧 JIS Z 8101-2:1999 の検査の定義とほぼ同じ文章であり，解答は○である．参考までに新旧 JIS Z 8101-2 の検査の定義を示す[4) 5)]．

【JIS Z 8101-2:1999 の“検査”の定義】

品物又はサービスの一つ以上の特性値に対して，測定，試験，検定，ゲージ合わせなどを行って，規定要求事項と比較して，適合しているかどうかを判定する活動．

【JIS Z 8101-2:2015 の“検査”の定義】

適切な測定，試験，又はゲージ合せを伴った，観測及び判定による適合性評価

② 70 問題文の“製品の一つひとつに対して行うもの”は，一つひとつを個別に検査することから結果として全数を検査しており“全数検査”である．“いくつかのまとまり（ロット）に対して行うもの”はロット単位でロット内からいくつかのサンプルを抜き取って検査する“抜取検査”である．

問題文では，“前者が抜取検査，後者が全数検査”とあり，逆のことを示しているため正解は×である．

③ **71** 要求事項を満たしていることが適合であり，要求事項を満たしているアイテムが適合品である．問題文における“製品・サービス，プロセス，またはシステム”は適合を判断する対象として問題なく，また“その規定要求事項”も要求事項と同義であるため適合の説明として正しい．“すべての検査項目で品質判定基準を満たす”は，検査の場面において要求事項を満たしていることであり，検査における“検査単位”はアイテムと同義である．よって，正解は○である．参考までにJISに記載されている“適合”，“不適合”，“不適合品”の定義を示す[4)5)6)]．なお“適合品”の定義はJISでは明記されていない．

■適合
- 要求事項を満たしていること（JIS Q 9000:2015）

■不適合
- 要求事項を満たしていないこと（JIS Q 9000:2015，JIS Z 8101-2:2015）
- 規定要求事項を満たしていないこと（JIS Z 8101-2:1999）

■不適合品
- 一つ以上不適合があるアイテム（JIS Z 8101-2:2015）
- 一つ以上不適合のあるアイテム（JIS Z 8101-2:1999）

④ **72** 抜取検査は，検査ロットの合格・不合格を判定するために行われる検査である．このため検査ロットからサンプルを抜き取るときはランダムサンプリングでなければならず，意図的に適合品や不適合品を選んではいけない．よって，正解は×である．

5.5 計測の基本，計測の管理，測定誤差の評価

解説 5.5.1

[第 23 回問 12 ①]

この問題は，検査についての知識を問うものである．検査とは何か，検査方法や検査の種類などについて理解しているかどうかが，ポイントである．

解答

72 キ　73 ケ

① 72, 73 検査とは，品物又はサービスの一つ以上の**特性値**に対して，測定，試験，検定，ゲージ合わせ等を行って，**規定要求事項**と比較して，一つひとつに対して適合しているかどうかを判定する活動であり，ロットに対しては，ロット判定基準と比較してロットの合格・不合格の判定をする活動である．よって，72 はキ，73 はケがそれぞれ正解である．

5.6　官能検査，感性品質

解説 5.6.1

［第 23 回問 12 ②］

この問題は，検査についての知識を問うものである．検査とは何か，検査方法や検査の種類などについて理解しているかどうかが，ポイントである．

解答

74	ウ

② 74 検査の方法として製品の品質を直接計測して検査する方法と人間の感覚（視覚，聴覚，触覚，味覚，嗅覚の五感）によって製品の品質を評価し，一定規格に合致するか否かを判定する**官能検査**（官能評価）がある．官能検査は，適切な機器が一応存在するものの時間，費用，手間がかかりすぎる場合や，適切な機器が開発されておらず人の感覚器官に頼らざるをえない場合などに実施する方法で，製品の外観塗装，色目・艶（つや），味や香りなどの検査で実施されている．よって，ウが正解である．

3　級

第 6 章

品質経営の要素

解説

6.1 方針管理

解説 6.1.1

［第19回問16］

この問題は，方針管理を推進するうえで大切なポイントを問うものである．方針管理の効果的な進め方，方針管理と日常管理との違いなどを理解していることが求められている．

解答

98 ○ 99 ○ 100 × 101 × 102 ○

① 98 新製品や新サービスの開発には人や資金などの経営資源が必要とされ，時間もかかるため長期的な視点が必要となる．競争力の維持改善や企業・組織の体質の改善も同様であり，一朝一夕にはできない．こういったテーマ（あるいは課題）への対応を日常業務の中で進めることは難しく，トップが打ち立てた方針に沿って“方針管理”を計画的に進めなければ目標達成や効果は得られない．よって，○が正解である．

② 99 トップや上司が方針を打ち立てても，誰が何をいつまでにやるのかを具体的に決めておかなければ，方針の達成は難しい．方針を達成するためには，具体的な実施項目，目標，責任者，期日などが明確に示された実施計画書が準備できているかどうかが重要となる．よって，○が正解である．

③ 100 方針管理の実践は，日常管理すなわち，日常の維持管理が着実に実行され，標準類が遵守され，安定した管理状態が基盤となってはじめて可能である．日常管理と方針管理が相互に連係して推進していくことが肝要である．よって，×が正解である．

④ 101 当該年度の方針が達成できたのであれば，次年度に向けて新たな方針を立てればよいが，達成できていないのであれば，次年度もその方針達成に向けた取組みを継続するのかどうかを検討しなければならない．当該年度の達成状況を把握したら終わりというのではなく，その達成度に応じて次

年度へ関連づけながら方針を展開していく必要がある．よって，×が正解である．

⑤ 102　方針管理の運用においては，実施計画書どおりに進められているかどうか，方針がどの程度達成できているかなど，達成状況を定期的に把握し，状況が思わしくなければ実施計画の変更などの必要な措置をとることが求められる．よって，○が正解である．

解説 6.1.2

［第26回問13］

この問題は，方針管理の概要や進め方などの基本的事項を理解しているかどうかがポイントである．

解答

73	オ	74	キ	75	ア	76	オ	77	ウ

文章の穴埋め問題に取り組むには，まず，全体を一読し，選択肢の用語を頭に入れることを勧める．設問の冒頭に，“方針管理”と明記されているので，その関連の用語である“方針展開”，“継続的改善”や“管理のサイクル”（PDCA）などに注目しておく．

① 73，74　冒頭の文章は方針管理の定義である．“73を回しながら”の文章の流れと選択肢の用語から，“**管理のサイクル**を回しながら”がふさわしい．

さらに，“ブレークダウンしていくプロセス活動”は**方針展開**そのものである．よって，73はオ，74はキが正解である．

② 75　問題文の“この方針は，下位に展開していくに従い，内容がより75になる”から，形容詞ではないかと推察する．対となる“具体的”か“抽象的”かである．“視覚的”は文脈からやや違和感がある．よって，**具体的**を選ぶ．正解はアである．

③ 76，77　問題文の“実施結果ついて76であることが基本となる”

から，候補は“報告可能”と“測定可能”である．続く文章に“～尺度”とあるので，76 は**測定可能**と判断する．“関係部門との 77 ”から，77 は**すり合わせ**がふさわしい．“見える化”では文章全体に違和感がある．よって，正解は 76 がオ，77 がウである．

解説 6.1.3

[第 22 回問 15]

この問題は，方針管理の進め方などを理解しているかどうかが，ポイントである．

解答

84	ケ	85	ウ	86	ク	87	エ	88	カ
89	オ								

方針管理の基本的な流れ（p.131 の図 6.1.A 参照）を頭に入れて，それぞれに最もふさわしい選択肢を選ぶこととする．幸いなことに選んだ選択肢が連続するので，正否を確認することができる．

84 方針管理の出発点として，創業者の思いを表すものなので，企業の使命，理念，ビジョンなどが候補として考えられる．この候補にあてはまるものとして，選択肢の中から，“理念”を選ぶ．よって，正解はケである．

85 前問 84 で選択した“理念”を文章にあてはめてみると，文章として違和感がないことがわかる．理念を展開，徹底するために必要なものとして，会社方針，重点課題，目標，方策などが候補として考えられる．選択肢では“基本方針”がふさわしいことから，正解はウである．

86 年度の取組み目標は，“年度方針”を意味するので，正解はクである．

87 各部門は，年度方針を受けて，具体的な実施計画あるいは活動計画を作成する．よって，正解は“活動計画”のエである．

88 文章の流れから，期末に行う評価や反省を示している．いわゆる PDCA の C（Check）の段階である．選択肢の中では，“マネジメントレビュー”がふさわしい．よって，正解はカである．

89 期末の評価結果が目標未達の場合は，次期の課題として再度取り上げることが多い．よって，正解は“次年度の活動計画”のオである．

6.2　日常管理

解説 6.2.1

［第 12 回問 12］

この問題は，日常管理を実践することについて問うものである．日常管理の具体的実施方法，職務に応じた業務分掌などの考え方について理解しているかどうかが，ポイントである．

解答

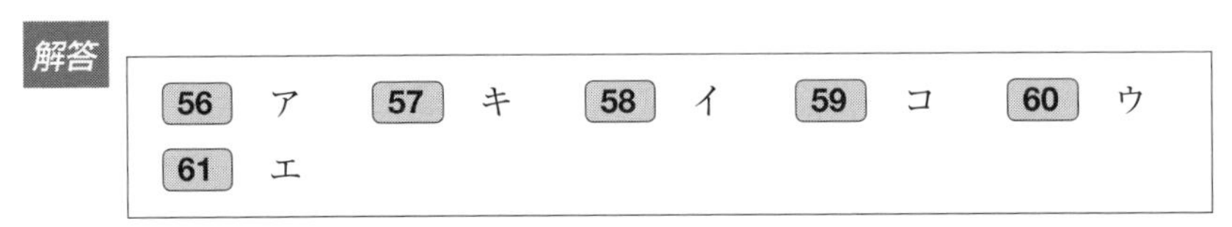

56 ア　57 キ　58 イ　59 コ　60 ウ
61 エ

① 56，57　日常管理には維持と改善の二つの活動が必要である．不具合が発生しない工程の現状を維持管理する活動と，何かのきっかけで発生した不具合の原因を見極めて恒久的な再発防止を行う改善活動 56 の二つの活動がきちんと運用されることにより，よい状態が保たれるだけでなく，改善活動を通じてレベルアップも進められる．現状を維持する場合には，主に現状行っていることの標準化（Standardize/Standardization）から始まる SDCA サイクルを回す活動が求められ，不具合が発生したときの改善活動には，問題点の把握，改善目標の設定などの計画（Plan）から始まる PDCA 57 サイクルを回す活動が必要である．

よって 56 はア，57 はキが正解である．

② 58，59　日常管理を行うときの管理の対象として，不具合件数，不適合品率などは作業や業務の結果として把握できる結果系管理項目 58 であり，活動成果の指標にもなる．また，結果系管理項目を作り込むプロセスにおける要因系の管理項目である要因系管理項目 59 をきちんと監視していくことにより，維持管理や改善活動を効果的に行うことができる．よって 58 はイ，59 はコが正解である．

③ 60，61　工程の中で日常管理を行う標準類全体をまとめたものとし

て，工程における作業ごとに管理項目，基準，その他の守らなければならない項目を一覧化するQC工程表 61 や，その工程に関与する人の職務や業務をまとめた業務管理表を作成することが大切である．これらの中には日常管理を適正に行うために監視・管理する管理尺度と，その管理尺度で監視・測定した結果がどの程度であれば十分なものであるのかを判断する管理水準 60 があり，これらを設定しておくことによりきちんとした日常管理が実施できる．よって 60 はウ， 61 はエが正解である．

解説 6.2.2

[第19回問14]

この問題は，プロセス（工程）管理の考え方とプロセス管理で活用できる手法の使い方を問う問題である．各手法の活用場面をプロセス管理の基本的な考え方とともに理解しているかどうかが，ポイントである．

解答

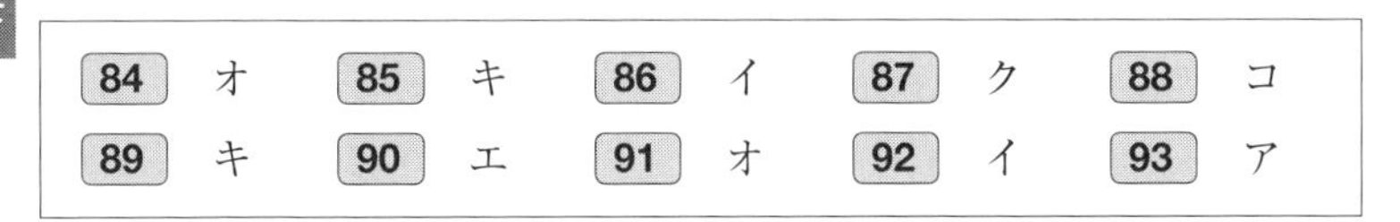

84	オ	85	キ	86	イ	87	ク	88	コ
89	キ	90	エ	91	オ	92	イ	93	ア

用語を入れて文章を完成させる問題であるため，空欄の前後の単語や文脈，そして用語を空欄に入れたときに文章として成り立つかどうかを確認しながら解答していくとよい．

84 　ここでのポイントは，溶接強度の分布の形が確認できていることである．溶接強度は計量値のデータと考えられ，計量値データの分布が確認できる手法はQC七つ道具の一つであるヒストグラムなので，選択肢のオが正解である．“一般型”という分布の形の名称からもヒストグラムと推測することができるとなおよい．

85 ， 86 　前文の C_p 値及び C_{pk} 値に続く会話である．C_p 及び C_{pk} はどちらも工程能力指数と呼ばれ，工程能力を示す値であり，特性の重要度にもよるが一般的には1.33よりも大きな値であれば工程能力は十分と判断される．

設問の値はどちらも 1.33 よりも大きな値であるので工程能力は十分と判断されることから，85 はキが正解である．

また，C_p は工程のばらつきと規格との比の値であり，C_{pk} はかたよりを考慮した工程能力指数である．C_p では工程のばらつきが規格に対して十分かどうかを判断しているのに対し，C_{pk} では工程のばらつき及びかたよりが規格に対して十分かどうかを判断している．よって，86 はイが正解である．

87 検査に関係がありそうな選択肢として，カの出荷（検査）とクの破壊（検査）が考えられるが，出荷検査は全数確認ができない理由にはならないので，クの破壊（検査）が正解である．

88 管理図に関係がありそうな選択肢は，アの X–Rs（管理図）とコの $\bar{X}$–R（管理図）が考えられるが，サンプル数（管理図では“群の大きさ”という）が 5 個であることより，コが正解である．ちなみに，アの X–Rs（管理図）を用いる場合のサンプル数は 1 個となる．

89 その特性を調べるためには対象となる製品を破壊せざるをえないなど，調べたい特性が何らかの理由により直接調べられない場合に，代用として用いる特性を代用特性と呼ぶ．よって，キが正解である．ただし，代用特性を用いる場合は調べたい特性と代用特性の関連が強いことを確認し，本当に代用としてふさわしい特性かどうかを事前検討しておく必要がある．

90，**91** 二つの特性の関係を調査するために使用する手法は，QC 七つ道具の一つである散布図である．散布図の見方としては，直線関係が強いか弱いか，あるいは直線が右肩上がりなのか，右肩下がりなのかといった関係を読み取る．直線が右肩上がりの場合は正の相関があり，逆に右肩下がりの場合は負の相関があると判断することができる．この会話では“電流値が上がると溶接強度が増す”こと，さらに“この関係が顕著であることを把握し”ていることから，スポット強度と電流値には右肩上がりの強い直線関係があると読み取れる．よって，90 はエ，91 はオがそれぞれ正解である．

92，**93** 工程の特性値を記録するために使われるのは QC 七つ道具の一つであるチェックシートである．チェックシートはその目的によりいろいろ

ポイント解説

チェックシートの種類について

チェックシートは，大別すると以下の 2 種類がある．

1）記録用…… 不適合品対策・工程能力調査などの目的でデータをとるチェックシート

2）点検用…… 日常点検を行う際に，点検項目を満足しているか確認するためのチェックシート

1)の記録用は目的に応じて何種類かあり，それぞれの目的がチェックシートの名称につけられている．代表的なチェックシートの名称とそれぞれの例を**解説表 1** に示す．

解説表 1　記録用チェックシートの代表的な例

<table>
<tr><th>名　称</th><th>例</th><th>（内　容）</th></tr>
<tr><td>不適合項目(内容)調査用チェックシート</td><td>
<table>
<tr><th>不適合項目</th><th>チェック</th><th>合計</th></tr>
<tr><td>欠　け</td><td>卌 卌</td><td>10</td></tr>
<tr><td>キ　ズ</td><td>卌 卌 卌 ////</td><td>19</td></tr>
<tr><td>割　れ</td><td>///</td><td>3</td></tr>
<tr><td>凹　み</td><td>卌 ////</td><td>9</td></tr>
<tr><td>膨　れ</td><td>//</td><td>2</td></tr>
<tr><td>汚　れ</td><td>卌 /</td><td>6</td></tr>
<tr><td>色不良</td><td>////</td><td>4</td></tr>
</table>
</td><td>A ラインで発生した不適合項目の件数を調査したチェックシート</td></tr>
<tr><td>不適合位置調査用チェックシート</td><td>
<table>
<tr><td>位置 1–1
卌 卌</td><td>位置 1–2
卌 ///</td><td>位置 1–3
////</td><td>位置 1–4</td></tr>
<tr><td>位置 2–1
卌 ///</td><td>位置 2–2
////</td><td>位置 2–3</td><td>位置 2–4
/</td></tr>
<tr><td>位置 3–1
////</td><td>位置 3–2
//</td><td>位置 3–3</td><td>位置 3–4
////</td></tr>
</table>
</td><td>“キズ”の不適合位置を示すチェックシート．検査範囲を 12 分割している</td></tr>
<tr><td>不適合要因調査用チェックシート</td><td>
<table>
<tr><th>不適合要因</th><th>チェック</th><th>合計</th></tr>
<tr><td>作業ミス</td><td>卌 卌 卌 //</td><td>17</td></tr>
<tr><td>切　粉</td><td>卌</td><td>5</td></tr>
<tr><td>機械 A の異常停止</td><td>卌 卌</td><td>10</td></tr>
<tr><td>機械 B の異常停止</td><td>///</td><td>3</td></tr>
<tr><td>ワークの接触</td><td>卌 卌 卌 //</td><td>17</td></tr>
<tr><td>ワークセット位置</td><td>卌</td><td>5</td></tr>
<tr><td>不　明</td><td>卌 //</td><td>7</td></tr>
</table>
</td><td>“キズ”の要因ごとの件数を調査したチェックシート</td></tr>
<tr><td>度数（工程）分布調査用チェックシート</td><td>
<table>
<tr><th>No.</th><th>寸法（mm）</th><th>チェック</th><th>度数</th></tr>
<tr><td>1</td><td>1.0～1.5</td><td>///</td><td>3</td></tr>
<tr><td>2</td><td>1.5～2.0</td><td>卌 ////</td><td>9</td></tr>
<tr><td>3</td><td>2.0～2.5</td><td>卌 卌 ///</td><td>13</td></tr>
<tr><td>4</td><td>2.5～3.0</td><td>卌 卌 卌 ////</td><td>19</td></tr>
<tr><td>5</td><td>3.0～3.5</td><td>卌 卌</td><td>10</td></tr>
<tr><td>6</td><td>3.5～4.0</td><td>卌 /</td><td>6</td></tr>
<tr><td>7</td><td>4.0～4.5</td><td>//</td><td>2</td></tr>
</table>
</td><td>測定部位の寸法を測り，各範囲に入る件数を調査したチェックシート</td></tr>
</table>

2)の点検用は，下記の“点検・確認用チェックシート”として使われる．この例を**解説表 2** に示す．

解説表 2　点検用チェックシートの例

名　称	例	(内　容)
点検・確認用チェックシート	(下表)	機械Aの始業前点検用のチェックシート

点検項目＼点検日	4/1	4/2	4/3	4/4	4/5
作動油の量は適正量か	✓	✓	✓	✓	✓
冷却水の量は適正量か	✓	✓	✓	✓	✓
冷却水の温度は適正範囲内か	✓	✓	✓	✓	✓
条件設定値は条件表どおりか	✓	✓	✓	✓	✓
治具の位置は適正か	✓	✓	✓	✓	✓
油漏れはないか	✓	✓	✓	✓	✓
各ランプに異常はないか	✓	✓	✓	✓	✓

な種類があるが，この会話では特性値が適正かどうかを定期的に点検することを目的としている．この目的で使用するチェックシートは点検・確認用チェックシートである．よって，**92** はイが正解である．

なお，チェックシートの種類については，**ポイント解説**を参照されたい．

また，重要な特性を管理する場合，例えば通常の定期点検での管理に加え，機械的に常時管理でき，万が一，操作ミスや手順の誤りなどにより規格から外れた場合には直ちに機械を停止させる，あるいは警報が鳴る，又はその両方といった形で，作業者のふとした気の緩みに起因するミスの防止や不具合の広がりを低減するための FP（Foolproof，フールプルーフ）を設置しておくとよい（このような仕組みはポカヨケ，最近ではエラープルーフと呼ばれることもある）．以上より，**93** はアが正解である．

解説 6.2.3

[第 25 回問 16]

この問題は，日常管理についての知識を問うものである．特に日常管理の進め方，うまく進めるための実施事項を理解しているかどうかが，ポイントである．

解答

88	キ	89	イ	90	オ	91	ア	92	ク
93	カ	94	ウ						

88 ～ 90　日常管理とは，それぞれの部門において当然日常的に実施されなければならない分掌業務について，その業務目的を効率的に達成するために必要なすべての活動であり，経営管理の最も基本的な活動である．日常管理で管理すべき項目は，その企業の方針管理に左右されないその部門の固有の業務に関する項目（例えば，機械加工部門において“旋盤で切削を行う”という作業は，方針管理がどうであれ実施する業務であり，その切削を行ううえでの管理項目など）や，その企業の年度方針などの**方針管理**によってブレークダウンされた業務に関する項目（例えば，“従来の旋盤は廃止し，NC 機に置き換える”といった方針に関する管理項目）のどちらも対象としている．それゆえに管理項目は多岐にわたることが多い．日常管理においてこれら管理項目の管理忘れなどが発生しないように，**管理項目一覧表**を用いて管理項目，役割分担，管理水準や管理頻度などを整理しておく．また，管理項目は“SQDC”の観点でそれぞれ抽出するとよい．

S：安全（safety）
Q：品質（quality）
D：**納期**（delivery）
C：コスト（cost）

以上より，88 はキ，89 はイ，90 はオが正解である．

91 ～ 94　日常管理をうまく進めるためにはその部門の構成員一人ひとりの意識が重要である．そのためにはまず日常管理を周知徹底させるために朝会や昼礼などを用いた**業務連絡**を行うとともに，定期的な行動計画の進捗確認も併せて実施するとよい．また，これにあわせて日常管理の**実施記録**をしっかりと残し，日常管理の状況とあわせて現場で**見える化**をしておくことで日常管理を全員で共有することができ，構成員の意識向上に寄与する．さらに，整理（Seiri），整頓（Seiton），清掃（Seisou），清潔（Seiketu），躾（Situke）のそれぞれの頭文字を取った**5S**に関する項目を日常管理の管理項目に入れ，全員で役割分担をすることにより全員参加での日常管理を実施することができ，構成員一人ひとりのさらなる意識向上につながる．

以上より，91はア，92はク，93はカ，94はウが正解である．

解説 6.2.4

［第21回問16］

この問題は，日常管理についての知識を問うものである．日常管理の目的や実施すべきことなどを理解しているかどうかが，ポイントである．

解答

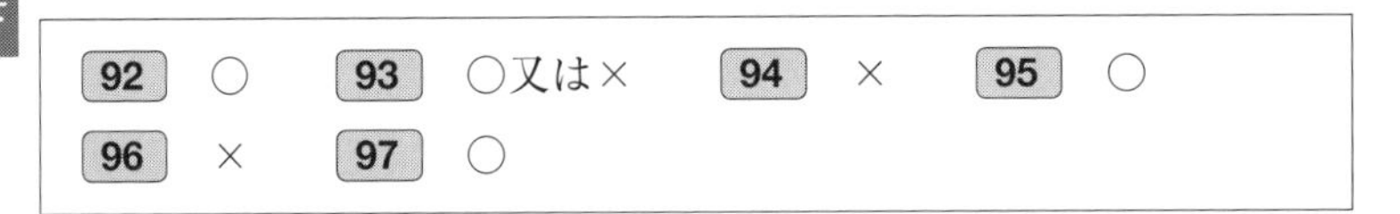

92 ○　93 ○又は×　94 ×　95 ○
96 ×　97 ○

① 92 会社にはさまざまな部門があるが，各部門でどのような仕事を行うかを明らかにしていないと円滑に仕事ができない．どの部門がどのような仕事をすべきかを定めたものを業務分掌という．それぞれの仕事，すなわち業務には必ず目的があり，その目的を効率的・効果的に達成するためには，日々の仕事をうまく管理していくことが大切である．よって，○が正解である．

② 93 日常管理は決められたことを決められたとおり実施することが基本であり，現状を維持することが求められる．したがって維持向上までは求められていないと考えることができるが，その一方でより安定した状態を目指すという観点からすれば，維持向上も含めて日常管理であるという考え方もある．よって，○，×のいずれもが正解である．

③ 94 前述のとおり，日常管理では決められたことを決められたとおり実施することが基本であるので，仕事のやり方については取り決めた標準に従うことが求められる．よって，×が正解である．

④　**95**　日常管理は，決められた手順に沿って行うのが基本だが，一度決めたことを変更してはいけないということはない．よりよく改善することもあるだろうし，何らかの事情で変更しなければならないこともある．しかし，変更する際には予期しない問題が発生したりする場合があるので，問題が起こらないように適切に管理する必要がある．よって，○が正解である．

⑤　**96**　品質トラブルあるいは工程異常に対しては，応急処置だけでなく再発防止についても必要性を検討し，実施しなければならない．当然，日常業務の中で発生する品質トラブルや工程異常に対しても適切な対応が求められるので，日常管理においても再発防止は求められる．よって，×が正解である．

⑤　**97**　日常管理の対象は品質だけではない．いくら品質がよくてもコストや納期を必要以上にかけていたのでは他社との競争に負けてしまうように，品質を重視するのは当然ながら，そこばかり偏重していたのでは他の重要事項とのバランスを欠き，本来の目的が達せられなくなることもある．同様の観点から，品質を追い求めるあまり安全を軽視するようなことがあってはならない．安全はすべてに対して優先されるべきものである．これはモラール（士気）についても同様で，働く人々がやりがいや働きがいを感じながら仕事に取り組むことができなければ，結果的に安全にも品質にも悪影響を及ぼすことになる．これらはすべて日常的に管理されるべきことである．よって，○が正解である．

6.3 標準化

解説 6.3.1

[第10回問19]

この問題は，品質管理分野や社内における標準化の基本的な事項を問うものである．標準化の基本的な考え方や活動の進め方などを理解しているかどうかが，ポイントである．

解答

93 × 94 × 95 × 96 ○

93 標準化は，繰返し生産するものについてのみ定めるものと解釈するのは誤りである．標準化は，多品種少量生産の場合であっても，品質を確保するために，作業者の教育・訓練だけでなく，設備や工具の使い方，作業のやり方，材料の選択，検査方法などを決めなければならない．よって，正解は×である．

94 標準は，文書の形で定められたものと考えがちであるが，“測定に普遍性を与えるために定めた基準として用いる量の大きさを表す方法又はもの”[18)](JIS Z 8002) も標準であることから，例えば，色見本，傷の形状見本なども標準である．よって，正解は×である．

95 標準化した作業方法（作業標準という）が守られていても，材料の成分，設備の加工条件や工具の精度などに偶然の変動や異常が起きていることもある．これらに対処するためには検査が必要である．よって，正解は×である．

96 標準化は，品質管理の実施にあたって，生産活動ばかりでなく，すべての組織的活動の分野において必要である．製品・サービスの企画，開発から設計，生産準備，生産，輸送，販売やサービスの実施，アフターサービスなど一連のビジネスプロセスすべてにおいて，諸活動の円滑な推進のために，標準化は不可欠である．よって，正解は○である．

解説 6.3.2

［第 16 回問 18］

この問題は，QC 的ものの見方・考え方について問うものである．標準化の進め方や標準を維持していくために必要な事項について理解しているかどうかが，ポイントである．

解答

103 オ	104 ア	105 ア	106 イ	107 オ

103，**104**　標準化とは，“実在の問題又は起こる可能性のある問題に関して，与えられた状況において最適な秩序を得ることを目的として，共通に，かつ，繰り返して使用するための記述事項を確立する活動”[10)]（JIS Z 8002）のことで，この記述事項（一般に規定やルール等）のことを標準という．企業では，コストや時間のムダが生じないように，いつ，誰がやってもムリ・ムダ・ムラがなく同じように仕事ができるような統一されたルール（標準）を決めて，規定しておく（標準化）必要がある．

したがって，**103** はオ，**104** はアがそれぞれ解答となる．

105～**107**　工業標準化とは，鉱工業における標準化のことをいい，現在では国際規格である ISO や日本では JIS が工業標準として定められている．企業では，技術や経験を結集して，関係者の同意のもとに，統一化や単純化を進め，企業内で標準化を行っている．これを社内標準化という．標準化は，ルールを決めて書類を作成したら終わりではなく，標準を守り，活かしていくために，管理の基準を設定し，これを社員が理解して行動に移せるようにするための教育も必要となる．また，設定した管理基準に基づき，事実を把握するためのデータをとって管理していく必要がある．これを行うことで，標準がよい状態なのか，問題が発生していないかを確認して，改善し続けることが重要となる．

したがって，**105** はア，**106** はイ，**107** はオがそれぞれ解答となる．

解説 6.3.3

[第 18 回問 15]

この問題は，製造の作業面に関する標準化について，基礎的な用語や考え方を問うものである．

解答

87 イ　88 キ　89 オ　90 ク　91 ク
92 イ　93 オ　94 キ

① 87, 88 問題文で“製品の品質，納期…”と来れば，一般的な品質の概念である三要素 QCD（Quality：品質，Cost：原価，Delivery：納期）を想起しなければならない．QDC と綴っても差し支えない．最近では，QCD に S（Safety：安全）や E（Environment：環境）を付加することも多い．

また，問題文の“製造工程のコントロール因子である作業者…”は製品の特性値のばらつきの主な原因である 4 M すなわち Man（作業者），Machine（生産設備），Material（材料），Method（作業方法）を指している．よって，87 はイ，88 はキがそれぞれ正解である．

② 89, 90 製造面の管理標準には 2 種類ある．製造技術標準と製造作業標準である．製造技術標準とは，“製造作業の標準を定めた作業標準のうち，製造に関連する物を対象とした技術的な事項を主な対象として，製造上重要な技術的事項，すなわち，使用材料，使用設備の選定，標準的な工程，目標品質，配合割合，加工温度，切削条件の選定，標準作業時間，材料の標準原単位などを定めたもの”[6] である（下線は解説者による）．

問題文の前半部分が製造技術標準 90 について，後半部分が製造作業標準について述べている．89 には，技術的な用語があてはまると思われるので，選択肢から生産技術がふさわしいと類推する．よって，89 はオ，90 はクがそれぞれ正解である．

③ 91, 92 一方，製造作業標準とは，“製造作業の標準を定めた作業標

準のうち，製造する人を対象とした作業方法を主な対象として，この標準に基づいて作業者が作業を行ううえに必要な事項，すなわち，使用材料，設備，機械の取扱い方法，作業手順と作業方法，異常時の処置と報告などを定めたもの”[6] である（下線は解説者による）．

91 及び 92 には問題文の“ 91 で定められた材料や 92 で定められた部品”の文章から，材料や部品に関連する用語があてはまりそうであるので，選択肢からそれぞれ材料規格，部品規格を選ぶ．よって， 91 はク， 92 はイがそれぞれ正解である．

④ 93 　製造作業の標準化の効用についての設問である．文意から，ここには，発生を防止したいもので，かつ発生を防止することで効果があるものがあてはまることから，不適合品であることがわかる．よって，正解はオである．

⑤ 94 　こちらは，現場管理における製造作業標準の効用についての設問である．問題文に“技術の向上・革新のための基礎として”とあるほか，蓄積していくことができるものということで，技術を選択することができる．よって，正解はキである．

解説 6.3.4

［第20回問19］

この問題は，標準を順（遵）守することの重要性，標準化の意義，標準化による利便について問うものである．いくつかある標準化の目的とメリットを理解しているかどうかが，ポイントである．

解答

102 ケ	103 ウ	104 オ	105 イ	106 キ

① 102 　標準化とは，作業者の違いによらず誰が何度やっても同じ結果が出るようにやり方などを規定することである．標準化が進んでいないと，人々のノウハウはそれぞれの人の頭の中に，技能はその腕についてしまうだけ

で，その人がいなくなったら組織には残らない．そのような事態を防ぐためには，人々のもっているノウハウや技能を規定や手順書などの文書，場合によっては写真や動画などの視覚的な情報に落とし込むことが大切で，このように標準化することで人々のもっているノウハウや技能が組織内に蓄積されることになる．そうした知識・経験やスキルが組織内に蓄積されれば，それを利用することにより，技術が伝承されていくことになる．よって，ケが正解である．

② **103** 標準化が進めば，手順や手続きなどの業務のやり方が統一され，さらに使用する材料・部品も設計者が勝手に選択することがなくなるので統一化される．またこの統一化が進めば，複雑であったやり方や使用する材料・部品も単純化することになる．よって，ウが正解である．

③ **104** 標準化により，業務のやり方が統一され，データを共有することが可能となる．誰が何度やっても同じ結果となるため，間違いがなく正確に業務を遂行できる．さらに，業務のやり方が定まっているので，迷うことがないうえ，最もよいと考えられる方法を標準化しているため，業務を迅速に遂行できるようになる．よって，オが正解である．

④ **105** 標準化が進んでいないということは業務のやり方が文書や視覚的な情報にまとめられていないので，理解しづらいうえに，人それぞれとなってしまいがちで，大変複雑になってしまう．業務のやり方が不明確で複雑であるということは共通化されていないということであり，共通化されていないことのやりとりは共通言語をもっていないのと等しく，部門内のみならず部門間においても，情報の伝達が難しくなってしまう．さらに顧客とのやりとりにおいても同様であり，相互理解は難しくなる．よって，イが正解である．

⑤ **106** 製品を作る際には，何を作るか，どのように作るか，を確実に計画しておくことが求められる．何を作るかは，製品に関する規定などで製品品質の基準を明確にすることで，確実に計画することができる．また，どのように作るかは，作業標準などにより，確実に計画することができる．特

に5M（作業者，機械，材料，作業方法，測定方法のことで，英語表記であるMan，Machine，Material，Method，Measurementの頭文字をとって5Mという）が標準化されることで，これらに起因するばらつきを抑えることができる．よって，キが正解である．

解説6.3.5

［第26回問16］

この問題は，品質経営の要素の一つである標準化について問うものである．標準化の目的，意義，考え方について理解しているかどうかが，ポイントである．

解答

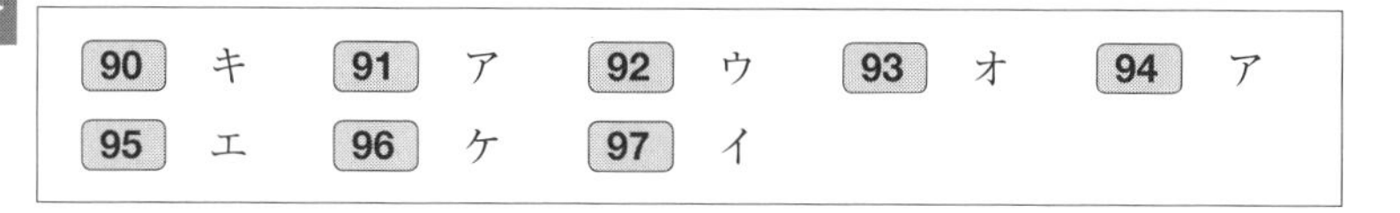

90	キ	91	ア	92	ウ	93	オ	94	ア
95	エ	96	ケ	97	イ				

③ 90～93　JIS Z 8002:2006 *（標準化及び関連活動―一般的な用語）では，**標準**とは，“関連する人々の間で利益又は利便が公正に得られるように，統一し，又は単純化する目的で，もの（生産活動の産出物）及びもの以外（組織，責任権限，システム，方法など）について定めた取決め”[8)]と定義されている．よって，90はキが正解である．

また，**規格**とは，“与えられた状況において最適な秩序を達成することを目的に，共通的に繰り返して使用するために，活動又はその結果に関する規則，指針又は特性を規定する文書であって，**合意**によって確立し，一般に認められている団体によって**承認**されているもの”[8)]と定義されており，ISO規格，IEC規格，JISなどがある．よって，91はア，92はウ，93はオが正解である．

④ 94～97　JIS Z 8002:2006（標準化及び関連活動―一般的な用語）で

* JIS Z 8002:2006は，ISO規格やIEC規格の規格作成のためのガイダンス文書，ISO/IEC Guide 2:2004の翻訳規格である．

は，**標準化**とは，“実在の問題又は起こる可能性がある問題に関して，与えられた状況において最適な秩序を得ることを目的として，共通に，かつ，繰り返して使用するための記述事項を確立する活動”[8)] と定義されている．すなわち，標準を設定し，これを活用する組織的行為である．よって，**94** はアが正解である．

このような標準化の代表的な目的（目標）としては，相互理解の促進，互換性の確保，多様性の調整（多様性の制御），両立性（共存性）の確保，健康や安全の確保，環境の保護，貿易障害の除去などがある．

そこで，問題文②の a)，b)，c)がどの目的に該当するかを検討する．a)では，“設計者の意図を容易に関係者に伝えることができることを実現”と述べているので**相互理解**の促進が該当する．b)では，“交換品が容易に入手できる”と述べているので**互換性**の確保が該当する．c)では，製品の種類が増えることによって“好ましくない状態が起こる”ことがないようにすると述べているので**多様性**の調整（多様性の制御）が該当する．よって，**95** はエ，**96** はケ，**97** はイが正解である．

6.4　小集団活動

解説 6.4.1

［第 15 回問 15］

この問題は，小集団活動（QC サークル活動）を進めるうえでの注意点を問う問題である．小集団活動を進めるうえで誤解されやすい項目であるとともに，出題頻度も高いので，その趣旨を正しく理解しておく必要がある．

解答

70 ×　71 ○　72 ×　73 ×

① 70 小集団活動を通じてメンバーが成長することが，結果としてよい仕事につながる．そのためには，メンバー全員が連帯感をもって楽しく活動できることが望ましいので，×が正解である．

② 71 小集団活動では，その活動成果やメンバーのスキル向上を経営トップや直属の上司などが認め，ほめることにより，リーダーやメンバーにやりがいが芽生え，さらなる士気の向上や職場の活性化につながるので，○が正解である．

③ 72 小集団活動は，メンバーの自主性を重視し，積極的に進めることを前提としているが，管理者は放任するのではなく，活動の状況に応じて適切な指導を行い，メンバーを育てるという姿勢が大切である．よって，×が正解である．

④ 73 小集団活動は，業績向上などの成果を出すことも大切であるが，この活動を通じた人材育成も大切な目的の一つである．次期リーダーを育成し引き継ぐことにより，若手はリーダーに，ベテランは指導者として成長することができる．よって，×が正解である．

解説 6.4.2

[第 21 回問 12]

この問題は，QC サークル活動について基本的な知識を問うものである．QC サークル活動に関する問題はほぼ毎回出題されているので，その目的や進め方などについて十分理解しておきたい．

解答

65 オ	66 ウ	67 ウ	68 ク	69 エ

① 65，66 QC サークルをはじめとする小集団活動は，戦後日本の品質管理の普及に大きく貢献した現場管理の手法の一つである．JIS Q 9024:2003（マネジメントシステムのパフォーマンス改善—継続的改善の手順及び技法の指針）では，小集団を“第一線の職場で働く人々による，製品又はプロセスの改善を行う小グループ”[7] と定義しており，この活動のねらいは，人と組織を常に活性化し，活動に伴う管理・改善を通じてサークルメンバーなどの個々人と組織の成長を図り，企業・組織の永続的発展に貢献することにあると考えられる．65 は，“…に参画する”の前に入る言葉なので，選択肢エの“組織”あるいはオの“経営”が候補となるが，組織の一員である人が組織に参画するというのは違和感がある．経営に参画するというほうが，この活動のねらいに沿っている．よって，65 はオが正解である．

また，QC サークル活動は，第一線の職場で働く人々が中心となるものであり，管理職など上層部からの指示に基づく（トップダウン）のではなく，自主的に運営を行うことが基本とされている．よって，66 はウが正解である．

② 67～69 QC サークル活動を具体的に進めるうえで，職場にふさわしいテーマの選出とともに，活動時間の捻出，活動場所の確保，活動に参加しやすい雰囲気づくり，手当・報奨制度なども考えなくてはならない．リーダーやメンバー個々の活躍は当然として，活動の活性化のためには，管理者や経営者による環境づくりや指導が必要なのである．よって，67 はウ，

68 はクがそれぞれ正解である.

また, 69 は全社活動の項目を問うていると推察でき, 選択肢に TQM (全社的品質管理) があることから, 69 はエが正解である.

解説 6.4.3

[第 22 回問 16]

この問題は, QC サークル活動について問うものである. QC サークル活動の基本理念やねらいなどの意味と知識について理解ができているかどうかが, ポイントである.

解答

90 ○　91 ×　92 ×　93 ○　94 ×

QC サークル活動とは, 第一線職場で働く人々が, 継続的に製品・サービス・仕事などの質の管理・改善を行う小グループである.

この小グループは, 職場の身近な問題を取り上げ, 自主的な運営を行い, QC の考え方・手法などを活用し, 創造性を発揮し, 自己啓発・相互啓発をはかり, "品質管理" や "品質改善" を進めるものであり, その品質管理や品質改善活動が "QC サークル活動" である. さらに, このような活動を進めることで, QC サークルメンバーの能力向上・自己実現, 明るく活力に満ちた生きがいのある職場づくり, お客様満足の向上及び社会への貢献を目指すこともねらいの一つである. また, 経営者・管理者は, この活動を企業の体質改善・発展に寄与させるために, 人材育成・職場活性化の重要な活動として位置づけ, 自らの TQM などの全社的活動を実践するとともに, 人間性を尊重し全員参加を目指した指導・支援を行う必要がある.

上記の基本的な活動理念をもとに, 各設問を解説する.

① 90 QC サークル活動は, 職場の身近な問題はもちろんのこと, 会社方針に関連した職場の問題に対しても自主的にテーマとして取り上げ改善を進めることが必要である. したがって, ○が正解である.

② **91** QCサークル活動は，職場の問題の改善を図るにあたり，専門技術やQC手法などの解析手法を駆使して解析と対策につなげている．したがって，×が正解である．

③ **92** 自職場に関連する作業標準などの標準類は，現時点で決められた標準であるが，その標準が問題であることがわかったなら，その問題に関する標準について改善テーマとして取り上げることは必要である．したがって，×が正解である．

④ **93** 会社として全社的な立場でQCサークルを導入するには，経営者，管理者，QC責任者，QCサークルリーダーとなる人々の支援と協力が重要である．まず，QCサークルの意義を理解し，会社としてどう進めたらよいか事前に検討することが必要である．つまり，経営者としての方針を明示し，QCサークル推進のための事務局や本部など体系的な組織を設け，会合のもち方，分担・協力の仕方，テーマの取り上げ方，問題解決の進め方，手法の使い方などの手引書を作成し，QCサークルの推進者やリーダー養成のための教育を実施するなど，導入に先立っての準備が必要である．したがって，○が正解である．

⑤ **94** QCサークル活動は，自主的な活動を尊重することが基本といわれているが，会社の中の活動である以上，経営者や管理者が全く関与しなくてよいということではない．経営者や管理者は，製品・サービス・仕事の質などに関する職場の問題をQCサークルが自主的に取り上げ，その改善を図れるように，職場の環境づくりやQCサークルの指導者育成に努力することが必要である．したがって，×が正解である．

解説 6.4.4

［第 10 回問 17］

この問題は，QC サークルの事例問題である．製品の概要や現状調査の状況を踏まえて，現状がどうなっていてどう考えて行動していけばよいかを判断し，どのようなアドバイスをすればよいかを問うものである．QC 的な考え方や手法の活用方法をしっかり理解していることがポイントである．

解答

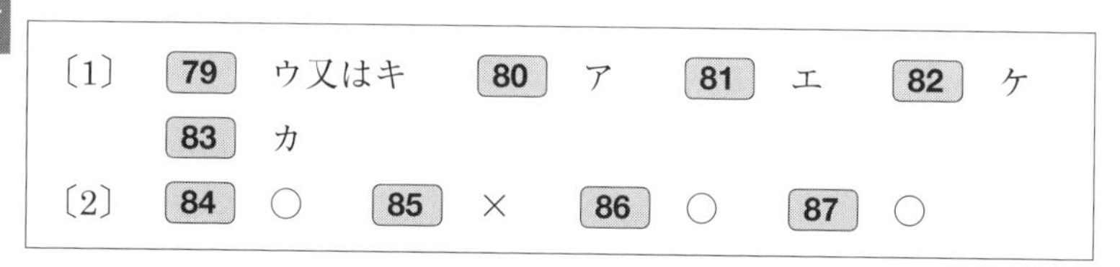

〔1〕 79 ウ又はキ　80 ア　81 エ　82 ケ
83 カ
〔2〕 84 ○　85 ×　86 ○　87 ○

〔1〕 ① 79 空欄に入る候補としては，選択肢ウの“慢性的不具合”か，キの“散発的不具合”が考えられる．枠内の説明文の 11 行目に“この部品は，生産を開始して間がなく…”とあり，長期的に持続して発生する慢性的不具合ではないため，キが解答であると考えられる．

なお，生産を開始してどのくらい経っているかが問題文では明確に示されていないために，ウも正解とされているが，あくまで事実の情報から判断すべきであるため，“生産を開始して間がなく…”という問題文から状況を判断するとよい．

② 80 散発的不具合の場合には，不具合発生前後の差や，不具合の部位の差など，“差（違い）” 80 を見ていくことが必要になる．もし慢性的不具合であれば，長期的に発生している不具合の内訳をパレート図などで把握し，多く発生している不具合を重点項目に設定して対策していく．以上から，解答はアとなる．

③ 81 問題文に“塗装後の傷付きであることがわかった”とある．塗装が終わってすぐに部品組付けをするのではなく，前工程から搬送されて部品組付工程に供給されることから，塗装した後から部品組付工程に来るまでの間にも傷が発生する可能性がある．よって，前 81 工程も含めた検討が必

要になり，解答はエとなる．

④ **82** 問題文の“傷の大きさ”や“引っかいた方向”を“観察”するのは，現場もしくは現物である．解答の候補としては選択肢オの“データ”があげられるが，データは観察するものではないため，ケの“現場”が適していると考えられ，解答はケとなる．

⑤ **83** 問題文で“課長品質方針で‘外観不具合の撲滅’が掲げられている”ということは，傷も含めたすべての外観不具合を“0（ゼロ）”にすることが方針である．また，現状調査の結果から，傷の状態や発生部位，発生工程がある程度特定できてきている（パレート図で傷不具合の発生数の多い部位や工程の上位二つを選んで対策するということではなく，特定した部位，工程を対策すれば，傷不具合ゼロを目指せる）．以上から目標としては，傷不具合“0（ゼロ）”が妥当であり，解答はカになる．

〔2〕 ① **84** a)の特性要因図は，傷の発生部位に関係のある要因，b)とc)はそれぞれの傷のつき方についての要因であり，三つとも特性に対しての要因は異なる．よって，三つの特性要因図を作成することは原因を探るうえで役に立つと考えられる．また，注意書きも重要な情報であり，書かれていた方がより真因に近い要因を得られることになる．よって，解答は○である．

② **85** 半製品の検査は前工程で実施すべき役割であるが，傷は目視で判断する外観不具合であるため，不具合を見逃す可能性もある．また，前工程での検査後から自工程までの搬送途中に傷がつく可能性もある．よって，自工程でも検査を行った方がよく，解答は×となる．

③ **86** 不適合品を掲示する目的は，メンバーに不適合品の特徴を目で見て現物で理解してもらうためである．不適合品 10 個をすべて現場に掲示しても，それぞれ傷の大きさや形が違っていて，特徴を理解するのは難しい．代表的・特徴的な不適合品を選んで見本として見せた方が目的に合っている．よって，解答は○である．

④ **87** 不具合が発見されたときには，できるだけすばやく集まって，現地の状況や現物の状態を調査したほうが，不具合の原因を早く見つけること

ができる．この設問の場合は，課長の了解も得ているため問題もない．よって，解答は○である．

解説 6.4.5

［第8回問16］

この問題は，問題解決型QCストーリーの進め方について問うものである．QCストーリーを進めるステップの中で有効な手法とその名称などについて理解しているかどうかが，ポイントである．

解答

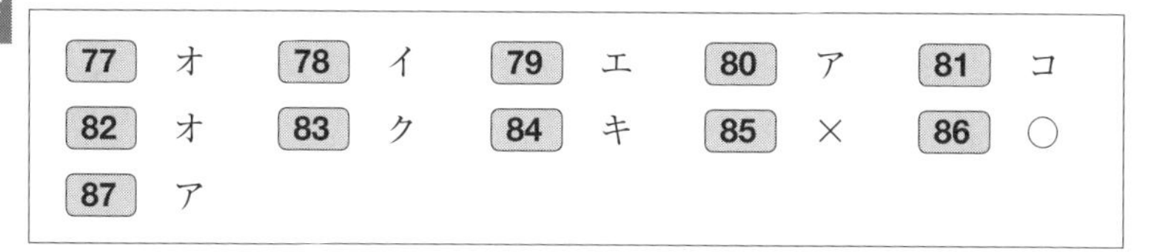

77	オ	78	イ	79	エ	80	ア	81	コ
82	オ	83	ク	84	キ	85	×	86	○
87	ア								

77, **81**　問題文（Ⅰ）に記載されている図1は，“お客様から寄せられた苦情”と“メンバーが思い当たること”との関係を整理した図となる．このように二つの項目に関係があるかどうかを整理した図のことをマトリックス図といい，図の選択肢ではオが該当する．

したがって，**77** はオ，**81** はコが解答となる．

78, **82**　問題文（Ⅱ）に記載されている図2は，100人分の待ち時間という測って得られるデータ（計量値）を整理した図となる．また，全体の2割ほどの人が5分以上待たされているとあるので，待ち時間という項目に対してデータ全体の姿が見ることができる図となる．このように計量値を全体の姿が見えるように整理した図のことをヒストグラムといい，図の選択肢ではイが該当する．

したがって，**78** はイ，**82** はオが解答となる．

79, **83**　問題文（Ⅲ）に記載されている図3は，“待ち時間が長くなる”という結果に対する要因（原因）の分析を行っており，言語データを整理した図となる．このように結果に対する原因を言語データで追究するための手法の一つを連関図といい，図の選択肢ではエが該当する．

したがって，79はエ，83はクが解答となる．

80，84 問題文（Ⅳ）に記載されている図4は，図3で明確になった要因に対する対策の検討を行うための図となり，これも図3と同様に言語データを整理した図となる．このように要因に対する対策を検討するための手法の一つを系統図といい，図の選択肢ではアが該当する．

したがって，80はア，84はキが解答となる．

85 問題解決型QCストーリーの“要因の解析”で出される要因は，できるだけ多く取り上げる必要がある．合っている・間違っているなどの議論で取捨選択していると，重要な要因の抜け・もれにつながる可能性があるからである．

したがって，×が解答となる．

86 問題解決型QCストーリーの“対策の検討”では対策を行う際の費用などを含めた実現性や，効果の大きさなどを評価に入れて検討をする必要がある．対策を検討した結果，コストがかかり過ぎる対策や，あまり効果が望めない対策に取り組む必要はないからである．

したがって，○が解答となる．

87 問題解決型QCストーリーでは，“対策の実施・効果の確認”の後に続くステップとして，“標準化と管理の定着（歯止め）”，さらに“反省と今後の対応”がある．よい結果が出たとしてもそれが続かないようでは意味がない．また，決まった時間の中での活動が多いので，今回取り組んだ内容と取り組めなかった内容などを層別し，今回の取り組みの反省とあわせて今後の対応を決めておく必要がある．

したがって，アが解答となる．

6.5　人材育成

解説 6.5.1

［第22回問17］

この問題は，品質経営の要素について問うものである．品質管理やその教育・訓練を進めるときのキーワードとなる用語について理解しているかどうかが，ポイントである．

解答

95 キ　96 エ　97 コ　98 イ　99 ケ
100 オ

95，96　問題文では，95の空欄の後に"(総合的品質経営)"とあることから，この内容に合致する用語を選べばよい．これを英訳すると"Total Quality Management"となることから，95はその頭文字をとったTQMが正解である．TQMは総合的品質マネジメントとも呼ばれ，"その内容は企業によっても異なるが，日本企業は顧客志向と品質優先の考え方，継続的な改善，全員参加などを原則としている"[10]．よって96には，この中の全員参加を置き換えた，全部門・全階層参加があてはまるということになる．

したがって，95はキ，96はエがそれぞれ解答となる．ちなみに，ウのSQCは"統計的品質管理"，クのTPMは"全員参加の生産保全"の略称である．

97，98　職場そのものを教育・訓練の場として，"上司や先輩が，部下や後輩に対して日常の職務遂行上必要な知識・技能を，仕事を通じて育成すること"[10]をOJT（On the Job Training）という．"OJTは仕事に密着しているため多くの企業で行われ，特に新入社員教育には大変効果的である．また，実務を通じてすぐ必要な能力を効率的にタイミングよくマスターでき，職場のムードに早く慣れる効果もある．"[15]一方，現在の職務・職場を離れて行う企業内教育，企業外での研修・セミナーをOFF-JT（Off the Job

Training）という．“OJTだけではトレーナー（教育訓練員）の質，能力，特性によってばらつきやかたよりがあったり，職務に対する視野が狭くなるなど，人材を十分に活かせない場合がある．OFF-JTとOJTとの関連をもたせ，それぞれを補いながら実施することが大切である．”[15)]

したがって，97はコ，98はイがそれぞれ解答となる．

99，**100** 会社の組織のイメージ図を**解説図22.17-1**に示す．会社では，部門に関係なく，ある階層の全社員に必要な教育・訓練を階層別教育と呼んでいる．一方，階層に関係なく，部門の担当業務の内容（職能もしくは機能）に応じて行う教育・訓練を職能別（機能別）教育と呼んでいる．それぞれ階層別教育体系図，職能別教育体系図としてまとめ，教育・訓練を行っていくこととなる．

したがって，99はケ，100はオがそれぞれ解答となる．

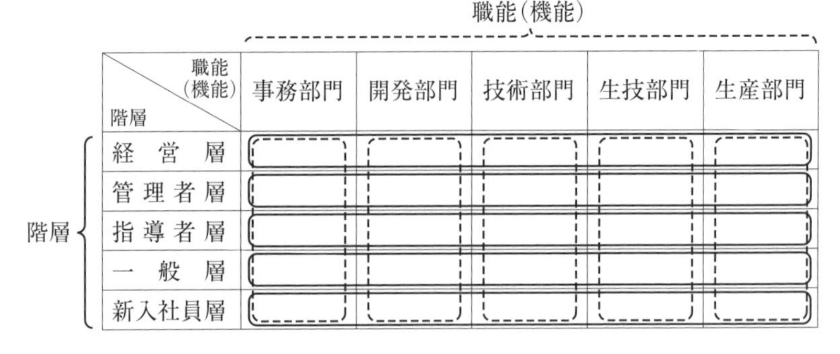

解説図22.17-1 会社組織のイメージ図

6.6　品質マネジメントシステム

解説 6.6.1

[第23回問11 ①]

本問は，品質保証に関するISO 9000シリーズ（近年は“ISO 9000ファミリー”ともいう）での考え方，並びに品質保証体系図について問うものである．組織全体で品質保証を効果的・効率的に実践していくうえでの考え方や方法について理解しているかどうかが，ポイントである．

解答

66 ウ	67 ケ	68 キ

① 66～68 ISO 9000シリーズにおける品質保証では，顧客が求める製品やサービスのニーズを把握し，それを反映した製品・サービスの企画や設計，提供を行うための一連の活動を確立することが求められる．ここでは，ただ単に製品やサービスを提供するための体制を確立すればよいのではなく，製品やサービスの提供に至るまでの企画や設計といった各段階でのインプットが，お互いに関連し，作用しあうようなものでなければならず，このような一連の活動を**プロセス** 66 という．この一連の活動においては顧客のニーズや期待が満たされているかどうかを継続的に確認・評価して，もしそれらのニーズが満たされていないときには，その原因を除去して同様の事態が再度起きないように処置を行う必要があり，この処置を**是正処置** 67 という．

また，例えばある企業が顧客ニーズを満たすことを広く世間に掲げたとしても，その根拠を示すことができなければ顧客の信頼を得ることは難しい．顧客の求めるものがどのような体制やシステムによって満たされるのか，そのシステムは適切に機能しつづけるのかといった点について，根拠となる客観的な**証拠** 68 を示す必要がある．

したがって，66 はウ，67 はケ，68 はキがそれぞれ解答となる．

引用・参考文献（解説編）

解説 1.2　3）JIS Z 8141:2001　生産管理用語

解説 1.2　4）吉澤正編(2004)：クォリティマネジメント用語辞典，日本規格協会

解説 1.3　6）吉澤正編(2004)：クォリティマネジメント用語辞典，日本規格協会

解説 1.5　3）吉澤正編(2004)：クォリティマネジメント用語辞典，日本規格協会

解説 1.6　3）JIS Q 9000:2015　品質マネジメントシステム―基本及び用語

解説 2.2　5）JIS Q 9000:2015　品質マネジメントシステム―基本及び用語

解説 2.2　8）JIS Z 8144:2004　官能評価分析―用語

解説 2.2　9）旧 JIS Z 8101:1981　品質管理用語（廃止）

解説 2.3　6）(社)日本品質管理学会標準委員会編(2011)：JSQC 選書 16　日本の品質を論ずるための品質管理用語 Part.2，日本規格協会

解説 3.1.2　7）JIS Q 9024:2003　マネジメントシステムのパフォーマンス改善―継続的改善の手順及び技法の指針

解説 3.2.3　15）特許庁編(2000)：工業所有権法令集，第 55 版［上巻］商標法，pp.1094–1235，(社)発明協会

解説 3.2.3　4）JIS Z 8101-2:1999　統計―用語と記号―第 2 部：統計的品質管理用語

解説 3.2.3　16）新 QC 七つ道具研究会編(1981)：新 QC 七つ道具の企業への展開，日科技連出版社

解説 4.1.1　3）吉澤正編(2004)：クォリティマネジメント用語辞典，日本規格協会

解説 5.1.2　12）JIS Q 9000:2015　品質マネジメントシステム―基本及び用語

解説 5.1.2　13）JIS Q 9000:2006　品質マネジメントシステム―基本及び用語（旧規格）

解説 5.1.3　6）JIS Z 8115:2019　ディペンダビリティ（信頼性）用語

解説 5.2.1　1）日本規格協会研修事業グループ(2014)：JIS 品質管理セミナーテキスト　品質管理，日本規格協会

解説 5.3.1　12）旧 JIS Z 8101:1981　品質管理用語（廃止）
解説 5.4.1　1）吉澤正編(2004)：クォリティマネジメント用語辞典，日本規格協会
解説 5.4.5　4）JIS Z 8101-2:1999　統計―用語と記号―第 2 部：統計的品質管理用語
解説 5.4.5　5）JIS Z 8101-2:2015　統計―用語及び記号―第 2 部：統計の応用
解説 5.4.5　6）JIS Q 9000:2015　品質マネジメントシステム―基本及び用語
解説 6.3.1　18）JIS Z 8002:2006　標準化及び関連活動――般的な用語（附属書 JA）
解説 6.3.2　10）JIS Z 8002:2006　標準化及び関連活動――般的な用語
解説 6.3.3　6）吉澤正編(2004)：クォリティマネジメント用語辞典，日本規格協会
解説 6.3.5　8）JIS Z 8002:2006　標準化及び関連活動――般的な用語
解説 6.4.2　7）JIS Q 9024:2003　マネジメントシステムのパフォーマンス改善―継続的改善の手順及び技法の指針
解説 6.5.1　10）吉澤正編(2004)：クォリティマネジメント用語辞典，日本規格協会
解説 6.5.1　15）日本プラントメンテナンス協会編(1994)：TPM 設備管理用語辞典

＊　　＊　　＊

仁科健編(2010)：過去問題で学ぶ QC 検定 3 級 2009 年版，日本規格協会
仁科健編(2011)：過去問題で学ぶ QC 検定 3 級 2010・2011，日本規格協会
仁科健編(2012)：過去問題で学ぶ QC 検定 3 級 2011・2012，日本規格協会
仁科健編(2013)：過去問題で学ぶ QC 検定 3 級 2013，日本規格協会
仁科健編(2014)：過去問題で学ぶ QC 検定 3 級 2015 年版，日本規格協会
仁科健編(2015)：過去問題で学ぶ QC 検定 3 級 2016 年版，日本規格協会
仁科健編(2016)：過去問題で学ぶ QC 検定 3 級 2017 年版，日本規格協会
仁科健編(2017)：過去問題で学ぶ QC 検定 3 級 2018 年版，日本規格協会
仁科健編(2018)：過去問題で学ぶ QC 検定 3 級 2019 年版，日本規格協会
仁科健編(2019)：過去問題で学ぶ QC 検定 3 級 2020 年版，日本規格協会

品質管理の演習問題［過去問題］と解説
QC 検定レベル表実践編　QC 検定試験 3 級対応
定価：本体 2,500 円(税別)

2021 年 2 月 5 日　　第 1 版第 1 刷発行

監　　修　仁科　健
発 行 者　揖斐　敏夫
発 行 所　一般財団法人　日本規格協会
〒 108-0073　東京都港区三田 3 丁目 13-12　三田 MT ビル
https://www.jsa.or.jp/
振替　00160-2-195146
製　　作　日本規格協会ソリューションズ株式会社
印 刷 所　三美印刷株式会社
製作協力　有限会社カイ編集舎

ISBN978-4-542-50519-3